战略性新兴领域"十四五"高等教育系列教材

智能设计方法

主 编 张 俊 杨富富

参 编 孙 浩 李明林 汪 建 葛姝翌 魏发南

机 械 工 业 出 版 社

本书是一本系统解析智能设计方法及其在机械工程中应用的专业教材。全书共 8 章，内容包括智能设计方法概述、人工智能基础、模糊逻辑基础、神经网络基础、遗传算法基础、模糊控制基础、智能设计方法的应用技术、智能设计方法的案例分析。书中通过融合经典工程案例，具体展示了智能设计方法在机械设计、工业设计、产品设计等领域的实际应用。

　　本书旨在为机械行业的专业人员提供一套全面而系统的智能设计知识体系，帮助他们深入理解智能设计方法的基本理论及其在实践中的应用，以在错综复杂的设计挑战中探索智能化的解决路径。

　　本书适合作为理工科高等院校相关专业的本科生及研究生教材，同时也适合作为机械设计工程师和研究人员的参考书籍。

图书在版编目（CIP）数据

智能设计方法 / 张俊，杨富富主编. -- 北京 ： 机械工业出版社，2024. 12. --（战略性新兴领域"十四五"高等教育系列教材）. -- ISBN 978-7-111-76795-4

Ⅰ. TB21
中国国家版本馆CIP数据核字第2024GS3025号

机械工业出版社（北京市百万庄大街22号　邮政编码100037）
策划编辑：余　暤　　　　　　责任编辑：余　暤　王华庆
责任校对：樊钟英　陈　越　　封面设计：严娅萍
责任印制：李　昂
北京捷迅佳彩印刷有限公司印刷
2024 年 12 月第 1 版第 1 次印刷
184mm × 260mm · 12.5 印张 · 297 千字
标准书号：ISBN 978-7-111-76795-4
定价：49.80 元

电话服务　　　　　　　　　　网络服务
客服电话：010-88361066　　机 工 官 网：www.cmpbook.com
　　　　　010-88379833　　机 工 官 博：weibo.com/cmp1952
　　　　　010-68326294　　金 书 网：www.golden-book.com
封底无防伪标均为盗版　机工教育服务网：www.cmpedu.com

前 言

随着科技的迅猛进步以及经济的蓬勃发展，我们正见证着社会需求和消费者期望的不断演变，消费者对产品的个性化、智能化、用户体验、环保安全以及隐私保护等多个方面提出了更为严格的要求。产品的生命周期不断缩短，加速了设计方法的迭代与创新。人工智能技术的突飞猛进，正在重塑设计流程，智能设计方法已成为推动工程领域创新的核心动力，引领着设计思维与技术实践的转型。

本书旨在为机械行业的专业人员提供一套全面而系统的智能设计知识体系，帮助他们深入理解智能设计方法的基本理论及其在实践中的应用，以在错综复杂的设计挑战中探索智能化的解决路径。

本书详细阐述了智能设计方法的基础知识、发展历程和理论支撑，涵盖了人工智能、模糊逻辑、神经网络、遗传算法和模糊控制等关键技术。通过丰富的案例分析，本书生动展示了智能设计方法在机械设计、工业设计、产品设计等多个领域的实际应用，凸显了其在应对复杂设计问题时的核心价值和实践意义。

在智能设计的基础理论部分，本书对机器学习、深度学习、自然语言处理等核心技术进行了深入介绍，这些技术构成了智能设计方法的理论基础。同时，本书还介绍了模糊逻辑和神经网络的基础，为读者提供了解决不确定性和复杂性问题的有效工具和方法。遗传算法基础部分则介绍了如何模仿自然选择和遗传机制来处理优化问题，而模糊控制基础部分则聚焦于如何应用模糊逻辑进行高效的控制。

在智能设计方法的应用实践部分，本书深入探讨了遗传算法、神经网络和模糊逻辑等前沿技术在智能设计中的应用，并展示了这些技术在不同领域取得的显著成果。

通过对精心挑选的案例进行分析，本书进一步凸显了智能设计方法的应用价值。书中涵盖了机械设计、Delta 并联机器人的分拣策略优化、新型开合屋盖设计等典型案例，深入剖析了智能设计方法在解决实际工程问题中的应用过程与成效。这些案例不仅验证了智能设计方法的实用性，也为读者提供了解决实际工程问题的重要参考和启示。

本书由一支具有深厚教学和研究背景的专家团队编写，他们将多年的研究成果和实践经验凝聚成书，致力于提供一本内容丰富、结构清晰、实用性强的专业著作。

由于编者水平有限，书中难免存在不足之处，恳请广大读者不吝赐教，提出宝贵意见。

编 者

目　录

知识图谱

教学大纲

## 第 1 章

智能设计方法概述

PPT 课件　　　课程视频

1.1　智能设计方法的基本概念

1.1.1　智能设计方法的概念

　　智能设计方法是一种利用人工智能（AI）技术和算法来辅助或自动执行设计过程的方法。这些方法通常结合了计算机科学、机器学习、优化算法等领域的技术，旨在帮助设计师更高效地解决复杂的设计问题。智能设计方法可以应用于各个领域，包括工程设计、产品设计、建筑设计等，以提高设计的效率、准确性和创造力。智能设计方法可能涉及从大量数据中学习模式、利用模型进行预测、自动化设计迭代过程等。

1.1.2　智能设计方法的特点

　　1）自动化与智能化：智能设计方法利用人工智能技术，能够自动执行设计任务，并且具备一定程度的智能，能够根据设计目标和约束条件做出适当的决策。

　　2）高效性：智能设计方法可以大大提高设计过程的效率和速度。通过自动化执行设计任务，可以减少人力和时间成本，并且能够在短时间内生成多种设计方案。

　　3）适应性与灵活性：智能设计方法通常具有一定的适应性和灵活性，能够适应不同的设计问题和需求。它们可以根据具体的设计任务和条件进行调整和优化，以生成最优的设计方案。

　　4）数据驱动与学习能力：智能设计方法通常依赖于大量的数据，并且具有学习能力。它们可以从历史数据中学习模式和规律，不断优化设计过程，并且能够通过不断反馈和学习改进自身的性能。

　　5）多样性与创新性：智能设计方法能够生成多样化的设计方案，并且具有一定的创新性。它们可以通过探索不同的设计空间，提供多种可能的解决方案，从而促进设计的创新和发展。

　　6）集成性与综合性：智能设计方法通常是综合了多种技术和方法的集成体，能够在设计过程中处理多种复杂的任务和问题。它们可以整合不同的数据源、模型和算法，以实现全面的设计优化和分析。

1.1.3　智能设计方法的分类

智能设计方法可以按照不同的标准进行分类，下面是几种常见的分类方法。

1. 基于技术和算法的分类

1）机器学习方法：包括监督学习、无监督学习和强化学习等，利用数据训练模型并进行预测和决策。

2）优化方法：采用各种优化算法来寻找最优设计方案，如遗传算法、粒子群优化、模拟退火等。

3）深度学习方法：利用深度神经网络来处理设计问题，具有较强的特征学习和表示能力。

4）基于规则的方法：利用领域专家定义的规则和约束条件来进行设计决策，如专家系统和规则引擎等。

2. 基于应用领域的分类

1）工程设计：涉及机械、电子、航空航天等领域的设计问题，如产品设计、结构优化、控制系统设计等。

2）建筑设计：包括建筑结构设计、室内设计、城市规划等方面的设计问题。

3）计算机辅助设计（CAD）：利用计算机软件和算法辅助进行设计和制造，如 CAD 软件中的自动布局、参数化设计等功能。

3. 基于任务和功能的分类

1）自动生成设计：通过学习历史数据或规则来自动生成设计方案，如自动生成艺术作品、自动生成代码等。

2）设计优化：通过优化算法来改进现有的设计方案，以满足特定的设计目标和约束条件。

3）设计决策支持：利用智能技术来辅助设计决策过程，提供设计方案评估、风险分析等支持。

4. 基于数据和模型的分类

1）数据驱动设计方法：主要依赖于大量的数据来进行设计决策和优化。

2）基于模型的设计方法：利用数学模型和物理模型来描述设计问题，并进行分析和优化。

这些分类方法并不是相互排斥的，实际应用中智能设计方法可能会同时涵盖多个分类。

1.2　智能设计方法的发展历程

智能设计方法的发展经历了早期智能设计思想萌芽、近代智能设计理论形成与发展、当代智能设计方法突破与应用三个阶段。

1）在早期智能设计思想萌芽阶段，人们开始认识到机器可以模拟人类的智能行为，以解决复杂的设计问题。在 20 世纪初期，随着自动化和计算理论的初步发展，人们开始思考如何利用机器来辅助设计过程。然而，当时的计算机技术还比较原始，无法实现像今天这样的智能设计。直到 1956 年，人工智能（AI）的概念被正式提出，为智能设计方法的发展奠定了基础。这一时期，人们开始探索如何将计算机系统应用于设计领域，以提高设计效率和质量。

20 世纪 60 年代，随着计算机技术的进步，专家系统开始在特定领域进行尝试，通过模拟人类专家的知识和经验来解决复杂问题。专家系统是一种基于规则和知识的推理系统，它可以模拟人类专家的决策过程，为设计问题提供解决方案。专家系统的出现标志着智能设计思想的萌芽，人们开始意识到通过将人类专家的知识转化为计算机程序，可以实现智能化的设计辅助系统。虽然当时的专家系统还比较简单，并且局限于特定领域，但它们为智能设计方法的发展打下了基础，为后来的研究和实践积累了宝贵经验。

在早期智能设计思想萌芽阶段，人们对于智能设计的概念和可能性有了初步的认识，并开始尝试将计算机技术应用于设计领域。虽然当时的技术水平还比较有限，但这一阶段为智能设计方法的后续发展奠定了基础。

2）在近代智能设计理论形成与发展阶段，20 世纪 70 年代至 20 世纪 90 年代是关键的发展时期。这一时期，智能设计方法经历了一系列重要的发展，涉及智能规划技术、机器学习算法的引入以及跨学科交叉融合等方面。

从 20 世纪 70 年代开始，智能规划技术逐渐成为智能设计方法的重要组成部分。智能规划技术旨在解决如何通过对任务和目标的规划，生成一个行动序列以达到所需目标的问题。这一时期，像斯坦福研究所问题求解系统（STRIPS）等主流规划系统的出现为智能设计打下了基础。这些规划系统通过形式化表示设计问题，并使用推理和搜索算法来生成设计方案，为智能设计提供了一种形式化的方法。

20 世纪 80 年代和 20 世纪 90 年代是机器学习算法在智能设计中的蓬勃发展时期。随着机器学习理论和算法的不断发展，智能设计方法开始引入这些算法来优化设计方案和提高设计效率。机器学习算法的应用使得智能设计系统能够从数据中学习模式和规律，进而改进设计过程。机器学习算法包括监督学习、无监督学习和强化学习等，提高了智能设计系统的自适应能力和智能化水平。

此外，近代智能设计理论的形成与发展还得益于计算机科学、数学、控制论、认知科学等多个学科的交叉融合。这些学科为智能设计方法的发展提供了理论支持和方法论指导。例如，控制论的思想为智能设计系统提供了自动化和优化的理论基础，认知科学的研究为智能设计系统的人机交互提供了理论支持。这种跨学科的交叉融合为智能设计方法的发展提供了丰富的理论资源和方法论基础。

在近代智能设计理论形成与发展阶段，智能规划技术、机器学习算法的引入以及跨学科交叉融合等方面的发展为智能设计方法的进一步发展奠定了基础，为智能设计的应用和实践提供了理论支持和方法论指导。

3）当代智能设计方法突破与应用阶段是智能设计发展的最新阶段。在这个阶段，深度学习技术在图像识别、自然语言处理等领域取得了显著成果，为智能设计方法提供了新的思路。深度学习的特征学习和表示能力使智能设计系统能更好地处理复杂的设计问题。大数据技术的发展使智能设计系统能处理更加庞大和复杂的数据集，从而提高设计的精确度和可靠性。自动化设计工具如计算机辅助设计（CAD）、计算机辅助工程（CAE）等已经成为当代智能设计方法的重要组成部分，大大提高了设计效率和质量。当代智能设计方法已经广泛应用于机械、电子、建筑、航空航天等多个领域，为这些领域的发展注入了新的活力。随着科技的不断进步和智能设计技术的不断发展，人们对于智能设计方法的研究和应用也将不断深入。

1.3　智能设计方法的应用领域

智能设计方法在许多领域都有广泛的应用，如工业制造、医疗保健、建筑与城市规划、计算机辅助设计及环境保护与可持续发展等。

在汽车制造中，智能设计方法可以用于优化汽车结构，提高汽车性能和安全性，并减少材料成本。例如，使用基于机器学习的算法来分析大量数据，以改进零部件设计或生产流程。在航空航天领域，智能设计方法可以帮助工程师设计更轻、更耐用的航空器部件，以提高燃油效率和飞行性能。

在医疗设备设计中，智能设计方法可以用于设计假肢、支架和医疗器械，以满足患者的特定需求。在药物研发中，智能设计方法可以用于分析大量的生物数据，以加速新药物的发现和开发过程。

在建筑设计中，智能设计方法可以帮助建筑师优化建筑结构，提高能源效率，并确保建筑符合地方建筑法规和标准。在城市规划中，智能设计方法可以用于模拟城市发展趋势、交通流量和人口增长，以优化城市基础设施规划和土地利用。

在电子产品设计中，智能设计方法可以用于设计更小、更高性能的芯片和电路板。在游戏开发中，智能设计方法可以帮助游戏设计师自动生成游戏关卡、角色和场景。

在能源系统设计中，智能设计方法可以用于优化能源生产和分配系统，以提高能源利用效率并减少对环境的影响。在可持续建筑设计中，智能设计方法可以帮助设计师选择和应用环保材料，最大限度地减少建筑的碳排放。

以上是智能设计方法在部分领域中的应用。随着技术的不断进步，智能设计方法将在更多领域发挥作用，并为解决复杂的设计问题提供新的解决方案。

1.4　智能设计方法的未来

1.4.1　智能设计方法的发展趋势

智能设计方法正在经历一场革命性变革。未来，人工智能技术如机器学习、知识表示与推理、自然语言处理等将与设计过程深度融合，实现智能化辅助设计、自动化设计优化等功能。人工智能技术将协助设计师更快捷地生成多个设计方案，并根据约束条件对设计进行自动优化，大大提升设计效率和质量。

借助大数据和云计算技术，未来将构建统一的基于知识的智能设计平台。这些平台将整合多领域的设计知识、经验和最佳实践，支持跨领域的协同设计、知识共享和持续学习优化。设计师可以直接获取和利用平台上的专业知识，将更多精力集中于创新设计。

虚拟现实（VR）和增强现实（AR）技术也将在未来设计中扮演越来越重要的角色。VR/AR 将使设计过程更加直观，设计师能够在沉浸式虚拟环境中进行交互式设计、评估和优化。同时，数字化将促进设计和制造的无缝集成，让设计在产品实际生产前就经过全面验证和优化。

未来的设计方法将不再局限于设计本身，而需要与制造和使用阶段深度融合，提出支持智能制造和产品智能化的创新解决方案。设计好的智能产品将在整个生命周期中具备自适应、自优化、自修复等智能功能，可根据环境和使用状态持续进行优化，大大延长使用寿命，提高可持续性。

最后，开放式设计与众包设计也将成为未来设计创新的重要模式。利用互联网平台和群体智慧，众多用户可以参与到开放的设计过程中，协作解决复杂的设计难题。众包设计将推动设计创新向开放、共享的模式发展，使创新设计不再是少数人的专利。

总的来说，未来的智能设计将是人工智能、大数据、虚拟现实等新兴技术与传统设计方法相融合的全新范式，呈现出智能化、平台化、开放化和全生命周期优化的特征，必将推动设计创新走向更高的层次。

1.4.2 智能设计方法的应用前景

智能设计方法在制造业中的应用前景广阔。通过人工智能算法和模拟，可自动生成并优化产品设计方案，大幅缩短设计周期。利用 VR/AR 技术，设计师能够身临其境地检查和改进产品设计，避免高成本的实体样机制造。智能设计将推动制造业向精益化、个性化和柔性化发展。

智能建筑设计是另一个应用热点。基于大数据和人工智能，可优化建筑的布局、材料、能源利用等，设计出节能环保、舒适智能的建筑。利用建筑信息模型（BIM）技术，及时发现设计缺陷，实现设计、施工、运维的无缝集成。智能建筑设计将促进城市可持续发展。

在产品设计领域，智能设计方法可自动生成符合多重约束的最优解决方案，为消费者量身定制出个性化、智能化的产品。基于用户大数据分析，智能产品能够自主学习和进化，持续优化性能，这将极大提升产品用户体验。

智能设计对于复杂系统如航空航天等具有重大意义。人工智能可快速生成并验证大量候选设计方案，确保系统的高度可靠性、鲁棒性和适应性。这将助力未来可靠智能飞行器、航天器等的研发和部署。

此外，智能设计方法在医疗保健、交通运输、能源等领域都有着广阔的应用前景。通过优化设计，产品和系统将变得更智能、更高效、更环保，为人类创造更美好的生活。智能设计正成为推动科技创新和可持续发展的重要驱动力。

科学家科学史
"两弹一星"功勋科
学家：最长的一天

第 2 章

人工智能基础

课程视频

PPT 课件

在科技飞速发展的今天，人工智能已成为引领时代变革的重要力量。它不仅是计算机科学的一个分支，也是一个融合了数学、心理学、哲学等多学科的交叉领域。人工智能旨在探索并创造能够模拟、延伸甚至扩展人类能力的具身智能体，赋予这些智能体执行复杂、精巧且通常需要人类智能才能完成的任务。

本章旨在揭开人工智能的神秘面纱，直观理解这一领域的基本概念、发展历程、主要技术和应用前景。

2.1 人工智能的基本概念

人工智能研究与应用正在渗透到人类生产生活的各个方面，从智能家居到自动驾驶汽车，从医疗诊断到金融风控，其身影无处不在。而这一切的背后，都离不开机器学习、深度学习、神经网络等一系列关键方法理论和算法技术的支撑，它们共同构成了人工智能的基石，推动着人工智能的快速发展。

本节简单介绍人工智能的基本概念及其背后的原理。首先，介绍机器学习和深度学习的基本原理，探讨神经网络的结构与功能；然后，介绍知识表征、智能代理、专家系统等概念，并分析它们在人工智能系统中的应用；最后，介绍认知计算、计算机视觉、自然语言处理等前沿技术，以及它们是如何共同推动科技进步的。

2.1.1 人工智能

人工智能是一门致力于研究、开发用以模拟、延伸及扩展人类智能的理论、方法、技术与应用系统的科学，其研究范畴广泛，涵盖从基础理论探索至具体应用实践的诸多领域，如专家系统、机器学习、模式识别等，它们是人工智能的重要组成部分。人工智能的核心目标是使机器能够具备理解、学习和应用知识的能力，从而解决复杂问题。

在概念维度上，人工智能的核心本质在于通过人工手段实现智能的创造与提升。这一过程的基础在于整合优化现有的智能要素，并模拟人类智能的运作机制，使机器能够具备理解、学习和应用知识的能力。这种能力的获得不仅依赖于技术的创新与发展，更需要对人类智能机制的深入理解与探索。无论是智能家居、自动驾驶，还是医疗诊断、金融分析，人工智能都在发挥着越来越重要的作用。同时，随着技术的不断进步，新的应用领域和技术实践也在不断涌现，为人工智能的发展注入了新的活力。

在哲学维度上，人工智能可视为人类通过人工手段追求智能实现的探索过程，它体现了人的本质力量的外在展现与实现。这一观点强调，人工智能不仅是一个技术问题，更涉及深刻的哲学与伦理问题。

在技术维度上，人工智能以模拟为主要方法，探索人类智能的技术实践，具有鲜明的模仿性特点，其发展依赖于对人类智能机制的深入理解与精确模拟，通过模拟人类的学习、推理、决策等过程，人工智能得以不断提升其智能水平。同时，随着大数据、云计算等技术的快速发展，人工智能的应用也变得更加广泛和深入。这些技术的发展与应用，为人工智能的未来发展提供了无限可能。

人工智能研究还涉及对智能的界定与判定方法，其中，图灵测试作为著名的判定标准，判定机器是否能展现出与人类无异的智能行为。然而，随着人工智能技术不断发展，对智能的界定与判定方法也需要不断更新与完善，以适应新的技术与应用场景。

2.1.2　机器学习

机器学习（Machine Learning）是人工智能的一个重要分支，它使计算机能够从数据中学习并做出决策或预测，而无需进行明确的编程。机器学习基本概念涉及多个学科，包括统计学、概率论、算法复杂度等。它的目标是研究如何让机器模仿和学习人类行为，通过自我学习获得整体性能提升，甚至完成新知识和技能的自行优化和探索。机器学习是实现人工智能的关键技术之一，通过智能算法让计算机从大量数据中自动提取知识。

机器学习算法可以分为监督学习、无监督学习和强化学习三大类。监督学习是指在已知输入输出的情况下训练模型，无监督学习则是在没有标签的数据中寻找模式，而强化学习则是通过与环境的交互来学习最优策略。深度学习是机器学习的一个子集，通过构建含有多个隐藏层的神经网络深层模型，对输入的高维数据逐层提取特征，以发现数据的低维嵌套结构，形成更加抽象有效的高层表示。

机器学习应用非常广泛，包括但不限于智能机器人、数据挖掘、生物识别监测、推荐系统等领域。随着技术的发展，机器学习已经成为数据分析领域的重点研究方向之一。它在医疗诊断、机器人技术、推荐系统、面部识别、股票价格预测和情感分析等多个领域都取得了巨大的成功。

机器学习的发展历程显示了其理论和实践的不断进步。从最初的简单算法到现在的复杂模型，如深度学习中的多层感知器、循环神经网络、卷积神经网络等，机器学习的方法和技术已经极大地推动了人工智能领域的研究和发展。此外，机器学习还与其他学科如心理学、认知科学等有着密切的联系，牵涉的面比较广，许多理论及技术上的问题尚处于研究中。

2.1.3　深度学习

深度学习（Deep Learning）是机器学习的一个子集，它模仿人脑的工作方式，通过构建复杂的神经网络模型来实现对数据的智能化处理。在人工智能的众多应用中，深度学习以其强大的特征学习和模式识别能力，已成为图像识别、语音识别、自然语言处理等领域的核心技术。

深度学习的核心在于构建多层神经网络，这些网络由多个相互连接的神经元组成，每个神经元都具备接收输入、处理信息并输出结果的能力。通过逐层传递和转换信息，深度学习模型能够自动提取并学习数据的内在规律和特征，从而实现高效的模式识别与预测。

在深度学习训练过程中，反向传播算法发挥着至关重要的作用。该算法通过计算损失函数对网络参数的梯度，指导模型在训练过程中不断优化权重和偏置，使得模型的输出能够更好地拟合真实数据。此外，激活函数的选择对于模型性能也至关重要，它们能够引入非线性因素，使得模型能够学习到更加复杂和丰富的数据特征。

1）多层神经网络：深度学习的核心在于构建具有多个隐藏层的神经网络模型。这些隐藏层通过对输入数据进行逐层处理和转换，能够提取出更加抽象和高级的特征表示。随着网络层数的增加，模型所学习到的特征表示也变得更加复杂和精细，从而能够更好地适应各种复杂的任务需求。

2）反向传播算法：深度学习训练过程中的关键算法之一是反向传播算法（Backpropagation Algorithm），它利用链式法则计算损失函数对网络参数的梯度，并根据这些梯度信息更新网络中的权重和偏置。通过迭代优化过程，模型能够逐渐减小输出与真实标签之间的差异，从而实现对数据的准确拟合。

3）激活函数：在深度学习模型中，激活函数被用来引入非线性因素，使得神经网络模型能够学习到复杂的、非线性的模式。常见的激活函数包括 ReLU、sigmoid 和 tanh 等，它们各自具有不同的特点和适用场景。选择合适的激活函数对于提高模型的性能至关重要。

4）正则化技术：为了防止深度学习模型在训练过程中出现过拟合现象，需要采用一些正则化技术来约束模型的复杂度。Dropout 是一种常用的正则化方法，它通过随机丢弃一部分神经元来减少模型对训练数据的依赖，从而提高模型的泛化能力。此外，权重衰减也是一种有效的正则化手段，它通过惩罚网络参数的 L2 范数来限制模型的复杂度。

5）优化算法：深度学习模型的训练过程涉及大量的参数调整和优化问题。为了高效地找到最优的权重和偏置值，需要采用合适的优化算法。SGD（随机梯度下降）和 Adam 等是常用的优化算法，它们通过迭代优化损失函数来逐渐逼近最优解。

以上内容对于深度学习模型训练效果非常重要。

2.1.4　神经网络

神经网络（Neural Network），也称为人工神经网络（ANN），是一种模仿人脑神经元连接方式的计算模型，由多个节点组成，这些节点可以接收输入信号，并产生输出信号。它们被组织在不同的层上，可以学习数据中的复杂模式，旨在利用人脑的信息处理能力来解决复杂的现实世界问题。

神经网络由多个节点（或称为神经元）组成，这些节点按照一定的方式相互连接在一起。每个节点接收输入信号，并根据一定的激励函数处理这些信号，然后产生输出信号。这些输出信号可以作为其他节点的输入。神经网络通常包含输入层、一个或多个隐藏层以及输出层。隐藏层的存在使得神经网络能够捕捉到输入数据之间的复杂非线性关系。

神经网络的学习主要依赖于三种基本的学习算法：监督学习、强化学习和无监督学习。在监督学习中，网络通过比较其输出与期望输出之间的差异来进行学习。强化学习则侧重于通过奖励或惩罚来指导网络的学习过程。无监督学习不需要外部的标签信息，网络通过发现数据中的内在结构来进行学习。

随着研究的深入和技术的不断发展，神经网络已经在多个领域展现出其强大的应用潜力。在系统识别和控制领域，神经网络能够处理复杂的非线性系统，实现精确的控制和预测。在面部识别和语言处理领域，神经网络通过学习和提取特征，实现了高效且准确的识别和理解。此外，在图像处理、自动驾驶、医疗诊断等领域，神经网络也发挥着越来越重要的作用。

2.1.5 知识表征

知识表征（Knowledge Representation）是指在计算机中表示知识的方法和技术，是人工智能的一个关键领域，涉及如何将人类的知识和经验转化为机器可以理解和使用的形式，计算机程序可以利用这些信息来解决复杂的问题。知识表征包括对知识的组织、结构化以及如何通过逻辑规则或其他算法来处理这些知识。良好的知识表征能够使人工智能系统更好地模拟人类认知过程，从而提高其解决问题的能力与灵活性。

知识表征在人工智能中的应用非常广泛，涵盖了从基础逻辑推理到复杂模式识别和自然语言处理等多个领域。在逻辑推理领域，知识表征能够帮助机器理解并应用逻辑推理规则，实现自动化推理和决策。在模式识别领域，知识表征则关注于如何从大量数据中提取有用的信息，形成对数据的深入理解和表示。在自然语言处理领域，知识表征则通过构建语言模型、词向量等方式，使得机器能够理解和生成自然语言。

目前，人工智能领域使用的知识表征方法多种多样。其中，概念图是一种直观且易于理解的知识表征方法，它通过图形化的方式展示概念之间的关系。面向对象的方法则强调将知识表征为对象及其之间的关系，更符合人类的思维方式。粗糙集理论则关注于如何在不确定和模糊的情况下进行知识表征和推理。XML（可扩展标记语言）和关系模型则提供了结构化数据表示的方法，便于数据的存储和查询。Petri 网则是一种用于描述并发和分布式系统的知识表征方法。

2.1.6 智能代理

智能代理（Intelligent Agent）是一种能够在环境中自主地执行任务的软件实体。它们具有感知环境、做出决策和执行行动的能力，能够在复杂的环境中自主导航和解决问题。智能代理的特征包括自主性、交互性和智能性。它们能够在没有人类直接干预的情况下，根据预设的目标和条件，自主地收集信息、分析情况并做出决策。

智能代理的工作原理基于一系列复杂的算法和技术，包括逻辑推理、自学习能力、交流能力和自动化任务执行能力等。这些算法和技术使得智能代理能够模拟人类的认知过程，理解和处理信息，以实现其预设目标。在智能代理的设计过程中，环境感知、决策制定、行动执行和自我修正等要素构成了其核心框架。环境感知是指智能代理能够识别和理解其所处环境中的各种元素和条件；决策制定则是基于环境感知的结果，制定出达到目标的策略和计划；行动执行则是将制定的计划和策略付诸实践，可能涉及与其他实体（如其他智能代理或人类）的交互；而自我修正则是在执行任务过程中，根据实际情况调整行为和策略，以适应环境的变化。

智能代理在多个领域具有广泛的应用前景。例如，在电子商务领域，智能代理可以协助用户进行商品搜索、比较和购买，提供个性化的购物体验；在智能家居领域，智能代理可以自动控制家居设备，提高生活便利性；在医疗领域，智能代理可以辅助医生进行疾病诊断和治疗方案制定，提高医疗效率和质量。

2.1.7 专家系统

专家系统（Expert System）是模拟人类专家决策的计算机系统，主要用在特定问题领域，通过存储大量的专业知识和经验规则，为非专家使用者提供专业的建议和解决方案。

专家系统的构成主要包括知识库、推理机和用户接口。知识库主要包含了领域专家的知识，这些知识通过与专家的访谈或自动化方法获得，将其组织成计算机可以处理的形式；推理机对知识库中的规则进行逻辑推理，以解答用户的查询并提出解决方案；用户接口实现人机交互功能，即当用户输入问题或条件时，系统可及时返回专业回答和建议。

专家系统模拟了人类专家的决策过程，便于非专业人士利用专家知识库解决问题。除此之外，专家系统的不断开发完善促进了人工智能技术的高速发展，尤其在知识表征、推理机制和人机交互等方面的研究。随着人工智能和机器学习算法的发展，专家系统变得更加智能、灵活，能够在更复杂的环境中提供更加准确和可靠的决策支持。

随着人工智能和机器学习技术的不断发展，专家系统也在不断完善和进步。现代专家系统不仅具备更强的知识表示和推理能力，还融入了学习机制，能够根据新的数据和经验进行自我优化和更新。这使得专家系统能够在更广泛的领域和更复杂的环境中发挥作用，为人类社会的发展提供强大的智能支持。

2.1.8 认知计算

认知计算（Cognitive Computing）旨在通过模拟人类思维方式来构建更为自然的人机互动，它致力于深入了解人类的认知过程，并将这些过程运用于解决各种复杂问题。这项技术是人工智能与信号处理技术的融合，其核心目标是构建一个能够像人类那样冷静思考和采取行动的智能系统。

大数据时代为认知计算的进步提供了强大动力，尤其在深度学习这一领域，它被认为是引发大数据认知计算研究新浪潮的核心技术。深度学习技术通过模拟人脑神经网络层级结构，使得机器能够学习并理解大规模数据的内在规律和模式，从而为认知计算提供强大的技术支持。

认知计算的应用领域非常广泛。首先，通过模拟人类的认知过程，提高了机器的信息提取能力和决策效率。例如，多模态认知计算模拟人类的感知，探索图像、视频、文本、语音等多模态输入的高效感知与综合理解手段，这种能力使得机器在处理复杂问题时能够更加灵活、准确。其次，认知计算在教育、医疗保健、自动驾驶等领域中的应用展现了其广泛的影响力。在教育领域，认知计算能够根据学生的学习习惯和进度，提供个性化的学习建议和反馈，推动智能化学习的创新发展。在医疗保健领域，认知计算能够帮助医生快速准确地诊断疾病，制定个性化的治疗方案，提高医疗质量和效率。在自动驾驶领域，认知计算使得车辆能够像人类驾驶员一样感知并理解道路环境，实现安全、高效的自动驾驶。

2.1.9　计算机视觉

计算机视觉（Computer Vision）是图像和视频中分析和理解视觉世界的技术，使得计算机能够检测和识别对象、追踪运动或者理解场景。计算机视觉的研究对象主要是二维投影图像，其目标是感知、识别和理解客观世界三维场景。为实现这一目标，需要处理静态图像和捕捉、处理动态场景中的运动信息。因此，其基本步骤包括图像输入、预处理、特征提取、匹配和分类等。其中，特征提取是关键步骤，涉及从图像中识别出有用特征，如边缘、角点等，进而为后续图像深度理解和细致分析奠定基础。

在应用层面，计算机视觉技术已渗透至多个领域，包括机器人导航、自动驾驶、医学影像分析、安全监控以及视频内容分析等。例如，在医学影像分析领域，计算机视觉技术以其精准的分析能力，为医生提供了更为可靠的疾病诊断依据；在自动驾驶领域，计算机视觉技术可以用于车辆周围环境的感知和理解，从而实现自动避障和路径规划。

近年来，深度学习技术的发展极大地推动了计算机视觉领域的进步，特别是卷积神经网络（CNN）等深度学习模型的广泛应用，使得计算机视觉系统在图像分类、语义分割、目标检测等任务中取得了显著的性能提升。这些显著的进步不仅提升了计算机视觉系统的精确性和稳定性，更为其应用拓展至更广泛领域夯实了技术基础。

2.1.10　自然语言处理

自然语言处理（Natural Language Processing）是计算机科学与人工智能领域的一个重要分支，旨在通过计算机理解、解释和生成人类语言，其涵盖了基础语言理解、复杂交互式应用等各种技术，如文本分类、情感分析、自动摘要、机器翻译和社会计算等。自然语言处理研究涉及数学、语言学、计算机科学等多个学科，赋予了计算机类似人类的语言智能，实现机器的听、说、读、写等自然语言交互功能。

自然语言处理技术核心在于其广泛的技术应用，包括但不限于文本分类、情感分析、自动摘要、机器翻译等。这些技术为机器提供了对人类语言深层含义的理解能力，使其能够执行复杂交互式应用。例如，通过情感分析技术，机器可以识别文本中的情感倾向，为决策提供有力支持；自动摘要技术则能够快速生成文本的主要内容，提高信息处理的效率。

自然语言处理的应用场景极为丰富，不仅深度融入 Web 和移动应用端，还广泛应用于编程辅助、社交媒体分析、智能客服等多个领域。这些应用不仅提升了人机交互的自然性和便捷性，还推动了各行业的数字化和智能化进程。例如，基于自然语言处理技术的智能客服能够准确理解用户需求，提供个性化的服务，提升了客户满意度。尽管自然语言处理技术取得了显著进展，但仍面临诸多挑战。这些挑战包括自然语言的认识性和不确定性问题，以及如何更有效地结合基础科学研究与实际应用场景。此外，提高情感分类等任务的准确性也是当前研究的重点。未来的研究方向应聚焦于探索更高效的算法和技术，并致力于开发更智能、更人性化的交互式系统，以推动自然语言处理领域的持续进步。

2.1.11　大数据

在当今日益数字化的世界中，大数据（Big Data）已经成为推动技术进步和创新的关键力量。大数据是指无法在合理时间内用传统数据库软件工具进行捕捉、管理或处理的数据集合，这一概念不仅强调数据量的庞大，更注重数据的复杂性、动态性和多样性。具体来说，大数据通常具有高容量（Volume）、高速度（Velocity）和多样性（Variety）的特征。高容量指的是数据规模巨大，以 TB、PB 甚至 EB 为单位；高速度则是指数据的产生和处理速度极快，要求实时或近实时响应；多样性则是指数据来源的多样性和数据类型的丰富性，包括结构化数据、半结构化数据和非结构化数据等。

然而，大数据的真正价值并不在于其规模之大，更重要的是如何有效地利用这些数据进行价值发现和创新。这需要采用新的技术和方法来处理和分析这些数据，从而提取出有价值的信息和知识。大数据技术为人工智能的发展提供了丰富的数据资源和强大的计算能力。通过大数据技术，可以收集、存储、管理和分析大规模数据集，从海量数据中提取有价值的信息，从而提高人工智能系统的性能和效率。大数据对于人工智能的重要性体现在多个方面。首先，大数据提供了训练人工智能模型所需的巨大数据集，使得机器学习和深度学习等技术得以快速发展。其次，通过对大数据的分析和挖掘，可以发现新的知识，为创新人工智能应用提供指导和支持。最后，大数据技术本身也是人工智能研究的一个重要分支，推动了人工智能理论和技术的进步。

2.1.12　大模型

大模型（Big Model）是指具有大量参数的机器学习模型。大模型通过大数据和云计算的支持实现，能够捕捉到数据中的复杂模式，从而在多个任务上展现出卓越性能，被视为通向通用人工智能的可能路径之一。大模型的核心在于其庞大的参数规模和海量的训练数据，通过增加模型参数数量，大模型能够更好地拟合复杂的数据分布，提高模型的表达能力和泛化能力。同时，借助海量训练数据，大模型能够学习到更多知识和信息，进一步提升其性能。

在应用方面，大模型已广泛渗透至多个领域，包括但不限于自然语言处理、图像识别、医疗健康、机器人技术、多模态模型等诸多学科。特别是在自然语言处理领域，大模型如 GPT-4 已经展示了在多种自然语言处理任务上的卓越性能，包括但不限于翻译、问答、填空任务以及需要即时推理或领域适应任务。在医疗健康领域，大模型凭借大数据、强算力和复杂算法高效协同与深度融合，为医学人工智能的高质量发展提供了难得的契机。在机器人技术领域，大模型有效解决了机器人领域路径动作规划难题，涌现了更强的理解、推理、预测等新兴能力。大模型不仅限于单一模态的应用，还涉及多模态模型研究，这表明大模型能够在处理包含多种类型数据任务时展现出更广泛的应用潜力。

大模型发展正面临更多挑战和机遇。一方面，随着模型规模的增大和训练数据的增加，如何保证模型的训练效率和性能将成为一个重要问题。另一方面，随着技术的不断进步和应用场景的拓展，大模型有望在更多领域发挥重要作用，推动人工智能技术的持续发展和创新。

2.1.13　通用人工智能

通用人工智能（Artificial General Intelligence，AGI）是人工智能领域的一个长期目标，是指具有广泛智能的人工智能系统，能够在多样化智力任务中与人类相媲美或超越人类。通用人工智能不仅是对当前窄领域人工智能的一种超越，更是对人类智能的全面模拟和拓展。

通用人工智能研究者们从人脑机制中得到启发，致力于在智能机器中复现其工作原理，这一跨学科研究领域融合了神经科学、心理学和计算机科学的知识，旨在开发出更为高效、强大的人工智能系统，以推动人工智能技术的不断进步。

通用人工智能的应用前景极为广泛，特别是在物联网（IoT）领域展现出了巨大潜力。在连接无数设备、传感器和系统的构成互联环境中，通用人工智能通过智能决策和自动化手段，有效收集和共享数据。通用人工智能在物联网中的应用涵盖智能电网、住宅环境、制造业、交通、环境监测、农业、医疗保健和教育等多个领域。将通用人工智能应用于资源受限的物联网环境中，仍然需进行专项研究，并面临着计算资源有限、大规模物联网通信导致的复杂性和安全性以及隐私保护等多重挑战。

2.1.14　生成式人工智能

生成式人工智能（Generative AI）是指能够自主创造新解决方案的人工智能系统。它在文本生成、图像生成等多个领域都有广泛的应用。该技术的核心在于大语言模型（LLM），这些模型通过学习大量的数据集来理解世界，并能够基于这些知识生成新的、与训练数据相似的内容。

生成式人工智能的关键技术包括预训练语言模型（PLM）、上下文学习和基于人类反馈的强化学习。预训练语言模型通过在大规模未标注文本数据上进行自我监督学习，捕捉到语言的深层次结构和语义信息，为下游任务提供强大的语言表达能力。上下文学习通常通过 Transformer 架构实现，该架构能够同时考虑输入序列的所有位置，从而更好地理解语言的上下文关系，提高预测或决策的准确性。而基于人类反馈的强化学习则通过引入人类偏好或反馈来指导机器的学习过程，使生成的文本或决策更加符合人类的期望。这三个概念共同推动了生成式人工智能的发展，为自然语言处理领域带来了革命性的进步。

生成式人工智能的应用范围广泛，涵盖了从文本、图像、视频、游戏和大脑信息等多个领域。在教育领域，生成式人工智能可以用于提供个性化学习方案、智能教学、自动评分及语言翻译等方面，提高教学效率和质量。例如，ChatGPT 等技术已被证明能够提高专业写作任务的生产力，减少完成任务所需的时间，并提高输出质量。在艺术领域，生成式人工智能能够创作高质量的艺术作品，包括视觉艺术、音乐和文学作品。在智能交通系统方面，生成式人工智能通过图像生成和自然语言处理技术，解决了数据稀疏、异常场景观察困难和数据不确定性建模等问题，从而提高了交通管理的效率和安全性。此外，在科学研究领域，生成式人工智能还能够促进科学发现，通过自动化假设生成和探索假设空间，辅助科学家进行研究，加速科学技术的创新和发展。

2.1.15　具身智能

具身智能（Embodied Artificial Intelligence，Embodied AI）是人工智能领域一种新兴的研究领域，它强调人工智能系统不仅仅依赖于数据输入，还应该具备与真实物理世界交互的能力，这种能力是传统基于文本或符号的人工智能系统所缺乏的。传统人工智能系统主要依赖于逻辑推理和预设规则来处理问题，而具身智能系统则通过与环境进行物理交互，进而学习和发展出智能行为，旨在让人工智能系统像人类一样具备感知、思考和行动能力，解决传统人工智能在处理复杂、动态环境时的局限性问题，更好地模拟人类智能的本质。具身智能与环境的互动不仅限于视觉输入，还包括其他感官信息和物理交互，而多模态大模型作为具身智能的"大脑"，能够处理和理解来自不同感官模式的信息，如文本、图像、声音等。

将具身智能与多模态大模型结合起来考虑，我们可以发现两者之间存在着互补关系。具身智能提供了一种从底层物理交互出发，逐步构建起复杂认知能力的方法论框架。而多模态大模型则提供了强大的数据处理和模式识别能力，有助于加速具身智能系统理解和适应复杂的物理环境。通过结合具身智能的物理交互特性和多模态大模型的数据处理能力，可以开发出更加高效和灵活的人工智能系统，这些系统能够在复杂环境中执行特定任务或制定决策方案。具身智能应用前景广阔。在制造和物流领域，具身智能可以执行复杂的物理任务；在医疗健康领域，具身智能可以通过监测和分析患者的生理状态来提供个性化的治疗方案；在灾害救援领域，具身智能可以在危险或难以到达的环境中进行探索和救援任务。

具身智能的发展也面临着一系列挑战。如何设计和构建能够有效模拟人类智能行为的物理形态和感知－行动系统是一个技术难题。此外，具身智能系统的自主性和适应性也是当前研究的重点之一，需要进一步探索如何使智能体在复杂多变环境中持续学习和进化。

2.2　人工智能的发展历程

人工智能的发展历程（图2-1）映射了人类对智慧探索的不懈追求。随着该领域的快速发展，其技术（如机器学习、深度学习等）相继涌现，并对人们的工作与生活方式产生了深远影响。然而，人工智能的发展也面临着一系列挑战，包括技术可持续性、伦理问题和隐私保护等。深入研究人工智能的发展历程有助于更准确地预见并规划其未来发展轨迹。

2.2.1　早期探索

人工智能的早期探索阶段（20世纪50—70年代）被视为其发展历程中最为关键的阶段。这段时间内，科学家开始尝试用计算机模拟人类智能的多个方面，并提出一系列的理论和算法来应对挑战。

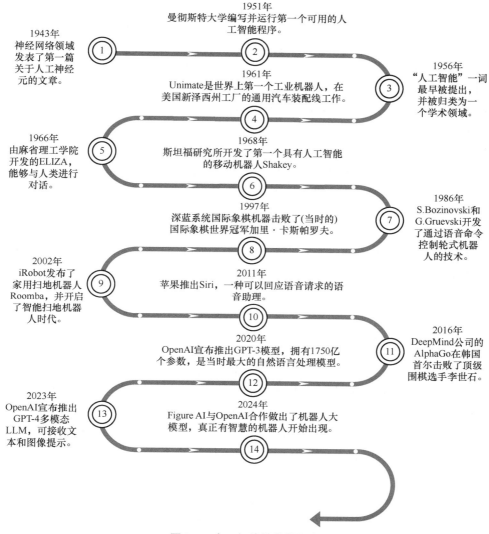

图 2-1 人工智能的发展历程

1950 年，英国数学家 Alan Turing 提出了著名的图灵测试，旨在评估机器能否展示与人类类似的智能。该测试成功激发了机器智能探索并为人工智能研究奠定了基础。图灵的工作为后续人工智能研究提供了重要的理论基础，尤其在计算机学科发展中起到了重要作用。1951 年，Christopher Strachey 在曼彻斯特大学 Ferranti Mark Ⅰ 计算机上开发了西洋跳棋程序，最初由 Dietrich Prinz 提出想法，实际编程工作由 Strachey 完成。该程序被认为是世界上第一个能够运行的人工智能程序之一。该程序能够自动进行对弈并做出决策，体现了当时的最高技术成就。IBM（国际商业机器公司）的 Arthur Samuel 于 1955 年编写出了更先进的跳棋程序，创造出在每次演练时都能进行学习改进的版本，这标志着人工智能在实际应用领域的重要进展。

在此之后，人工智能研究逐步深入，1956 年达特茅斯会议被视为人工智能领域的重要里程碑。在这次会议上，John McCarthy 等科学家首次正式提出"人工智能"（Artificial

Intelligence）术语，并将其定义为"用计算机来模拟人类智能的一种研究领域"。此提议标志着人工智能作为独立学科正式诞生，为未来研究和探索奠定了基础。1958 年，McCarthy 编写计算机语言 Lisp，成为人工智能计算机开发的核心。1959 年，McCarthy 与 Minsky 在麻省理工学院（MIT）创建了人工智能实验室。在 20 世纪 50 年代末至 20 世纪 60 年代初期，涌现出多个早期项目与系统。其中最著名的是在达特茅斯会议后不久，Allen Newell 与 Herbert A.Simon 开展的逻辑理论推理（Logic Theorist）项目，旨在开发模拟人类解数学问题的计算机程序，通过逻辑推理证明定理。1965 年，该程序完成了首次演示，这是第一个精心设计用于执行自动推理的程序。它证明了罗素与怀特海合著的《数学原理》中前 52 个定理中的 38 个，并为其中某些定理提供了新的证明方法。尽管逻辑理论推理项目成果有限，但它为后续专家系统与符号推理研究奠定了基础，对人工智能领域的发展产生了深远影响。

20 世纪 60 年代是人工智能领域多种不同方法和技术涌现的时期。在这一时期，除了逻辑理论推理，其他领域也引起了广泛关注。例如，1965 年，Alexey Ivakhnenko 和 Valentin Lapo 开发了首个多层感知深度学习算法。类似进展还包括模式识别和自然语言处理。到了 20 世纪 60 年代中期，人工智能研究的焦点逐渐转向符号主义方法，此方法通过符号和规则来模拟人类智能。其代表系统包括斯坦福大学的 Dendral 项目，专注于开发自动推断有机化合物结构的计算机程序，以及斯坦福研究所的 Shakey 项目，设计在模糊环境中导航和执行任务的智能机器人。此外，在 20 世纪 60 年代初期，ELIZA 和 SHRDLU 这两款早期程序在人工智能领域同样起着至关重要的作用。它们彰显了机器模拟人类智能的潜力，并为未来 AI 研究奠定了坚实的基础。ELIZA 程序诞生于 1966 年，由麻省理工学院计算机科学家 Joseph Weizenbaum 开发。ELIZA 被誉为第一个成功的人工智能对话系统，其设计初衷是模拟心理治疗师的对话方式与用户进行互动。ELIZA 通过模式匹配和简单语言处理技术来分析用户输入文本并做出回应。尽管 ELIZA 不具备真正的理解能力，但它能以一种令人惊讶的方式与用户进行对话，给人一种仿佛在与一个真正的人进行交流的错觉。1968 年，早期 AI 程序 SHRDLU 问世，由 Allen Newell 和 Herbert Simon 共同开发。SHRDLU 的主要功能是理解简单自然语言指令并执行操作，用于处理自然语言和操纵简单物体的任务。其操作原理是将自然语言转换为机器可理解的指令，然后对环境中的物体进行操作。虽然 SHRDLU 只能处理有限任务范围，但是它展示了 AI 在语言处理和任务执行方面的潜力。这两款早期 AI 程序功能虽有局限，但为人工智能研究提供了宝贵的经验和启示，激发了人们的无限想象力并促使研究者探索和挑战 AI 技术的边界。

尽管人工智能领域在 20 世纪 60 年代取得了一些进展，但也面临着许多挑战和限制。例如，符号主义方法在处理复杂和不确定性问题时存在局限性，而且许多早期人工智能系统缺乏足够的计算资源和数据支持。因此在这一时期，人们也开始意识到人工智能研究的复杂性和多样性。

2.2.2　第一波热潮和困境

在 20 世纪 70 年代，人工智能领域迎来首次发展热潮。这一时期，人工智能的概念和技术开始受到广泛关注，许多学者和研究机构投入大量资源进行研究和开发。

1978 年，Herbert A.Simon 因提出有限理性理论获诺贝尔经济学奖。此理论是人工智能领域的重要基石之一，对认知科学与决策理论的发展有着重要影响。同年，斯坦福大学的 Mark Stefik 与 Peter Friedland 编写了 MOLGEN 程序，证明面向对象编程表示可以用于规划基因克隆实验。同时，David H.Hubel 与 Torsten N.Wiesel 在 1978 年的研究成果亦值得关注。他们研究成熟与未成熟猫的视觉系统，识别了在视觉发育过程中产生神经元冲动，并为计算机生成视觉图像提供了重要启示，对理解视觉系统的工作原理及人工智能领域图像处理与计算机视觉技术具有重要意义。同时期，专家系统成为 AI 研究热点。专家系统是一种模拟人类专家知识和经验解决问题的计算机程序。早在 1965 年 Edward Feigenbaum 提出了 DENDRAL，它被视为首个专家系统。而在化学领域，1974 年，Ted Shortliffe 发表了关于 MYCIN 项目的论文，展示了一种基于规则的有效医疗诊断方法，旨在辅助医生诊断和治疗细菌感染。该方法基于规则推理引擎，通过分析病人症状和医疗历史提供诊断建议与治疗方案。虽然该方法借鉴了 DENDRAL，但 MYCIN 的贡献对专家系统开发的未来产生了深远影响，尤其在医疗和商业系统方面。这些系统模拟专家决策过程，提高特定任务的效率与准确性。然而，尽管专家系统在特定领域取得了显著成就，但也带来一些问题。首先，专家系统的开发和维护成本非常高。这些系统需要大量的专业知识与数据构建，而且随着时间推移，这些知识需要不断更新以保持准确性。其次，专家系统的应用范围相对狭窄。它们通常只能在特定领域内有效，难以泛化到其他领域。此外，专家系统的设计和编程需要高度的专业化技术，同样限制了其普及和应用。

然而，AI 技术的发展很快就遇到了新挑战。尽管在 20 世纪 70 年代取得了一定进展，但 AI 技术的局限性开始显现。首先，当时计算机硬件性能有限，未能满足 AI 程序对计算能力的需求。AI 程序需要处理大量数据和复杂算法，而当时计算机未能提供足够计算资源支持这些任务。其次，AI 技术预期过高也是一个问题。在 AI 热潮推动下，许多人对 AI 潜力抱有过高期望。他们认为 AI 将很快实现人类水平的智能，甚至取代人类进行各种工作。然而，当这些预期未能实现时，公众和投资者对 AI 的兴趣迅速下降。从过度乐观到失望情绪转变，加剧了 AI 领域的困境。此外，AI 领域的研究资金开始减少。在 AI 发展缓慢的背景下，资助机构逐渐停止对无方向 AI 研究的资助。早在 1966 年，ALPAC（美国科学院自动语言处理咨询委员会）报告就批评了机器翻译进展不足，NRC（美国国家科学委员会）在拨款 2000 万美元后停止资助。1973 年，James Lighthill 报告指出英国 AI 研究未能实现其宏伟目标，导致了英国 AI 研究出现低潮。DARPA（美国国防高级研究计划局）对 CMU（卡内基梅隆大学）的语音理解研究项目深感失望，取消对其进行每年 300 万美元的资助。到 1974 年已经很难再找到对 AI 项目的资助。

AI 技术局限性和预期过高导致了所谓的"AI 寒冬"。在这一时期，许多 AI 研究项目因为缺乏资金和技术支持而被迫中断。研究人员开始转向其他领域，AI 相关的会议和出版物数量也大幅减少。在 AI 寒冬期间，一些坚持下来的研究人员开始重新审视 AI 研究的方向和方法。他们意识到，要实现真正的智能，需要对 AI 基础理论进行深入研究，并开发出更加高效和灵活的算法。此外，他们也开始探索如何将 AI 技术与其他领域相结合，以提高其实用性和应用范围。这些努力最终为 20 世纪 80 年代 AI 复兴奠定了基础。

2.2.3　复兴和逻辑编程

20 世纪 80 年代至 20 世纪 90 年代初期是人工智能发展历程上的关键时期，称为复兴和逻辑编程时代。在这段时间内，人工智能领域经历了多个重大节点，逻辑编程成为一种重要的方法论。本节将详细介绍这一时期的发展历程。20 世纪 80 年代初期，人工智能领域经历了一次复兴。这个时期被称为第二次人工智能浪潮，其中一个重要因素是新的计算机硬件和软件技术的出现，使得处理大规模问题变得更加可行。此外，对人工智能的信心也开始回升，一些重要成果和里程碑开始出现。此时，逻辑编程作为重要人工智能方法论崭露头角。逻辑编程是一种基于逻辑推理的编程范式，核心思想是使用形式化逻辑语言描述问题与解决问题。Prolog（Programming in Logic）语言的引入是逻辑编程蓬勃发展的标志之一。Prolog 使问题表达更直观，通过逻辑推理求解，从而解决人工智能中知识表示和推理问题。逻辑编程的兴起使专家系统成为人工智能领域的热点。这些系统广泛应用于诊断、规划、控制等领域，推广了人工智能技术实际应用。

1980 年，CMU 为 DEC（Digital Equipment Corporation，数字设备公司）设计了一个名为"XCON"的专家系统，这是一个巨大的成功。在 1986 年之前，它每年为公司省下 4000 万美元。全世界公司都开始研发和应用专家系统，截至 1985 年对 AI 投入超 10 亿美元，主要用于公司内设的 AI 部门。支持产业随之兴起，包括 Symbolics、Lisp Machines 等硬件公司与 IntelliCorp、Aion 等软件公司。在逻辑编程的推动下，人工智能研究的重心逐渐从符号处理转向了知识表示和推理。这一时期，知识表示与推理理论和方法如产生式系统、框架理论大量涌现。这些理论和方法为人工智能在处理不确定性、复杂性等问题上提供了新的思路和工具，从而推动人工智能进一步发展。第一个试图解决常识问题的程序 Cyc 也在 20 世纪 80 年代出现，方法是建立容纳普通人所知晓的所有常识的巨型数据库。发起和领导这一项目的 Douglas Lenat 认为让机器理解人类概念的唯一方法是一个一个地教会它们。然而，尽管逻辑编程和专家系统等技术取得了一定成就，但在面对复杂的现实世界问题时，人工智能的局限性也显现出来。逻辑编程往往需要显式地定义问题领域的知识和规则，而现实世界问题往往是复杂和不确定的，难以用简单规则来描述和解决。这导致人工智能领域在知识获取和知识表示方面出现困境，从而成为人工智能研究的重要挑战。

在逻辑编程兴起的同时，连接主义也成为人工智能领域的另一个研究热点。连接主义是一种模仿人类神经系统结构和功能的网络模型，通过大量的简单处理单元连接实现复杂信息处理功能。连接主义的出现为人工智能技术提供了一种全新的思路和方法，尤其在模式识别、学习与自适应控制领域取得了显著进展。

逻辑编程与连接主义代表着 20 世纪 80 年代至 20 世纪 90 年代初人工智能领域的两大思潮，两者不互斥且可相融合补充。逻辑编程强调推理和逻辑推断，适用于符号处理和知识表示等领域；连接主义则强调学习和自适应，适用于模式识别和控制等领域。在后续的研究中，人们开始尝试将逻辑编程和连接主义相结合，进一步推动人工智能技术的发展。

总的来说，20 世纪 80 年代至 20 世纪 90 年代初是人工智能发展历程上的关键时期，逻辑编程的兴起和发展为人工智能技术的发展提供了新的思路和方法，并为后续研究和技术创新指明了方向。

2.2.4 互联网和大数据

在 20 世纪 90 年代，人工智能发展进入新阶段，这一时期 AI 研究受到了互联网和大数据兴起的显著影响。随着互联网的普及和应用，信息获取和传播变得更加便捷快速，这为 AI 发展提供了前所未有的机遇。

首先，互联网的快速发展带来了大量数据，这些数据成为 AI 研究和应用的重要资源。这一时期，贝叶斯网络的兴起为处理这些数据提供了有效工具。贝叶斯网络是一种概率图模型，通过表示变量之间的条件依赖关系来建模不确定性，特别适合处理复杂、不完全数据集，在机器学习、自然语言处理和决策制定等领域广泛应用。同时，机器学习开始与统计方法融合，形成一种新的研究趋势。统计学方法，如回归分析、假设检验和时间序列分析，为机器学习提供理论基础和算法支持。这种融合使 AI 系统能更好地从数据中学习和做出预测，以提高 AI 模型的准确性和可靠性。

这一时期，AI 研究的重要成果包括 IBM 的深蓝（Deep Blue）系统。1997 年，深蓝系统在历史性国际象棋比赛中战胜了世界冠军加里·卡斯帕罗夫。这一事件不仅是 AI 领域的里程碑，也是计算机科学和人工智能在全球引起广泛关注的标志性事件。深蓝系统的成功展示了 AI 在处理复杂问题和执行高难度任务方面的潜力，同时证明了大数据和计算能力对 AI 发展的重要性。此外，互联网的发展还促进了 AI 技术的普及和应用。这一时期，人们开始通过网络共享数据和研究成果，促进了全球学术交流和合作。AI 研究者和开发者利用互联网资源，开发出新的算法和应用程序，如推荐系统、搜索引擎和在线客服机器人。这些应用不仅改善了人们的生活质量，也为 AI 技术的商业化奠定了基础。

然而，互联网和大数据为 AI 发展带来了巨大机遇的同时，也带来了新挑战。例如，处理和保护个人隐私成为重要问题。随着 AI 系统越来越多地涉及个人信息和敏感数据，如何确保数据安全和隐私成为研究者和政策制定者必须面对的问题。此外，AI 技术的普及也引发了关于就业和伦理问题的讨论。人们担心 AI 可能会取代人类工作，同时也对 AI 决策的透明度和公正性提出了质疑。

在这个时期，AI 研究者开始更关注这些问题，并探索解决方案。他们致力于开发更加智能和可靠的 AI 系统，同时确保这些系统能够符合伦理和法律标准。通过这些努力，AI 技术不仅在技术上取得进步，也在社会责任和伦理方面取得进展。

总之，20 世纪 90 年代互联网和大数据为 AI 发展提供了丰富资源和广阔平台。这一时期 AI 研究不仅在技术上取得显著进展，也在应用和伦理方面取得重要成果。

2.2.5 深度学习和AI商业应用

自 21 世纪初期至今，深度学习和人工智能商业应用领域发展迅猛，其中一些关键时刻和突破对其发展影响深远。计算能力大幅提升和大数据的可用性使得深度学习成为 AI 领域的驱动力。2011 年，IBM 的 Watson 在《危险边缘》节目中战胜人类选手，展示了深度学习在自然语言处理和知识推理方面的潜力。这标志着人工智能在商业应用中的重要突破，为人工智能未来发展奠定了基础。

在计算机视觉领域，2012 年的 ImageNet 大规模视觉识别挑战（ILSVRC）是重要节点。AlexNet 神经网络在挑战中取得显著胜利，将深度学习引入计算机视觉主流。AlexNet 的成功证明了深度学习在图像分类和识别方面的巨大潜力，吸引了更多研究和投资者的关注。这一突破推动了计算机视觉技术的快速发展，为各种商业应用提供了强大的图像识别能力，如智能监控、医学影像分析和自动驾驶等。

在自然语言处理和语音识别领域，深度学习也取得了巨大进展。Google 旗下 DeepMind 开发的 AlphaGo 在 2016 年战胜了顶级围棋选手李世石。2017 年，DeepMind 透露 AlphaGo Zero（AlphaGo 的改进版本）在使用更少张量处理单元（TPU）情况下性能得到显著提升。与之前版本通过观察数百万人类动作学习游戏不同，AlphaGo Zero 只通过自我对弈学习。随后该系统以 100∶0 击败了 AlphaGo Lee，并以 89∶11 击败了 AlphaGo Master。这一成就引发了对深度学习在其他领域应用潜力的广泛讨论。同时，自然语言处理方面技术也取得突破，如机器翻译、文本生成和情感分析等。这些技术的进步使得人工智能在客服、智能助理和内容生成等商业应用中得到广泛应用。

随着时间推移，深度学习和人工智能的商业应用变得日益广泛。在医疗领域，深度学习应用于医学影像诊断、药物发现和个性化治疗等方面。在金融领域，深度学习广泛应用于风险管理、投资策略和交易执行等方面。这些技术应用使得金融机构能更好地管理风险，优化投资组合，提高盈利能力，同时也为投资者提供更多选择和服务。在零售领域，深度学习应用于销售预测、商品推荐和客户个性化营销等方面。通过分析顾客购买行为和偏好，深度学习模型为零售商提供更精准的销售预测和商品推荐，帮助他们更好地理解市场需求，优化库存管理，提高销售额和利润。

2020 年 2 月，微软推出图灵自然语言生成（T-NLG），这是有史以来发布的最大语言模型，包含 170 亿个参数。2020 年 11 月，DeepMind 的 AlphaFold 2（一种执行蛋白质结构预测的模型）赢得了 CASP 竞赛。同年，OpenAI 推出了 GPT-3，这是一种最先进的自回归语言模型，其使用深度学习生成各种计算机代码、诗歌和其他语言任务，这些任务与人类编写的任务极其相似，几乎没有区别，其容量是 T-NLG 的 10 倍。

OpenAI 的 GPT-4 模型于 2023 年 3 月发布，被认为是相对于 GPT-3.5 的令人印象深刻的改进，但需要注意，GPT-4 保留了早期迭代的许多相同问题。与之前迭代不同，GPT-4 是多模式的，且允许图像输入。OpenAI 声称，在他们的测试中，该模型在标准能力测试（SAT）中获得了 1410 分（第 94 个百分位），在法律领域测试（L-SAT）中获得了 163 分（第 88 个百分位），在统一律师资格考试中获得了 298 分（第 90 个百分位）。这些成绩展示了 GPT-4 在标准化测试中的潜力，尽管它们并不直接等同于人类考生的表现。

2023 年 3 月 7 日，《自然 - 生物医学工程》中提出："不再可能准确区分人类书写的文本和大型语言模型创建的文本，并且几乎可以肯定，通用大型语言模型将迅速激增……可以肯定的是，随着时间的推移，它们将改变许多行业。"为了回应 ChatGPT，Google 也在 2023 年 3 月发布了基于 LaMDA 和 PaLM 大语言模型的聊天机器人 Google Bard。2023 年 5 月，Google 宣布 Bard 从 LaMDA 过渡到一个明显更先进的语言模型 PaLM2。

总的来说，深度学习和人工智能商业应用在过去二十年里取得了巨大进步和成就。随着技术的不断发展和创新，人工智能将继续在各个领域发挥越来越重要的作用，为人类社会带来更多的创新和进步。

2.2.6 强化学习和自主系统

人工智能的发展历程是不断突破和创新的过程，尤其是在强化学习和自主系统方面，近期成果尤为显著。这些领域的进展不仅推动了技术发展，也为各行各业带来深刻的变革。下面将详细介绍这些领域的进展及其带来的具体成果。

强化学习在游戏领域的应用已取得令人瞩目的成果。以 DeepMind 的 AlphaGo 为例，它不仅击败了顶级围棋选手，还在后续的 AlphaGo Zero 中实现了从零开始自我学习，并在多种棋类游戏中达到超人水平。此外，DeepMind 的 AlphaStar 程序专为星际争霸 II 设计，在 2019 年通过大规模强化学习训练，学会了在游戏中应对各种策略，并最终能在公平对战中战胜 99.8% 的活跃玩家。这些事件不仅标志着强化学习在游戏领域的突破，同时为游戏设计和智能游戏 AI 发展提供了新思路，也显示了其在处理复杂策略和决策问题上的巨大潜力。

在机器人领域，强化学习使机器人能通过与环境交互自主学习任务。例如，OpenAI 的 Dexterous Hand 项目通过强化学习算法，使机器人手能精准抓取和操控物体。Agility Robotics 在 2022 年推出的新一代城市配送机器人，使用强化学习进行动态路径规划和障碍物避让，安全有效地在城市环境中送达货物，提高了最后一公里配送的效率。这些成果极大地推动了机器人在制造业、物流等领域的应用，并提高了自动化水平和生产效率。

自动驾驶汽车是强化学习应用的前沿领域。Tesla 的 Autopilot 系统通过收集大量驾驶数据并应用强化学习算法，不断提升自动驾驶的安全性和可靠性。此外，Waymo 作为 Alphabet（谷歌的母公司）的一个部门，在 2023 年在美国得克萨斯州推出了完全自动驾驶的货运服务。这项服务使用强化学习技术，通过实时处理路况信息来优化路线和速度，从而提高运输效率和安全性。

在开放领域对话系统中，人工智能通过深度学习和自然语言处理技术，已能生成流畅自然对话。例如，Google 的 Duplex 项目展示了 AI 助手能与人类进行自然对话，并完成预约等任务。这些成果不仅提升了用户体验，也为智能客服、虚拟助手等应用发展奠定了基础。

图像生成和合成技术在近年来也取得显著进展。生成对抗网络（GAN）的出现使机器能够创造高质量图像和视频。例如，StyleGAN 和 BigGAN 等模型已能生成极其逼真的人脸图像。这些成果在电影制作、游戏设计以及虚拟现实等领域具有广泛的应用前景。

在医疗领域，人工智能应用已取得显著成效。IBM 的 Watson Health 平台通过分析大量医疗数据，帮助医生进行疾病诊断和治疗方案制定。此外，2023 年，一款新型 AI 辅助手术机器人被用于心脏手术中，通过实时调整手术策略来适应手术过程中的复杂变化，以提高手术的精确性和成功率。

金融行业是人工智能应用的重要领域之一。AI 技术在风险管理、信贷评估、欺诈检测等方面发挥重要作用。例如，Ant Financial 的智能风控系统通过分析用户行为和交易数据，有效降低了金融风险。Morgan Stanley 在 2023 年推出的工具，帮助交易员通过动态调整交易策略来优化股票交易的表现和风险管理。这种基于强化学习的工具能够分析大量的市场数据，预测市场趋势，为交易决策提供支持，从而在保持竞争力的同时最大化投资回报。

制造业也是人工智能应用的重要领域之一。通过引入 AI 技术，制造业能实现智能制造，提高生产率和产品质量。例如，通用电气（GE）公司通过使用 AI 进行设备预测性维护，减少了设备故障率，提高了生产线稳定性。

在交通领域，人工智能应用正在改变人们的出行方式。除自动驾驶汽车外，智能交通管理系统通过分析交通流量数据，优化交通信号控制，有效缓解了城市交通拥堵问题。

综上所述，强化学习和自主系统方面的人工智能进展已带来一系列创新成果。这些成果不仅推动了技术发展，也为各行各业带来了深刻变革。随着技术的不断进步，人工智能将在未来社会发展中发挥更重要的作用。

2.3   人工智能的主要技术

人工智能的理论和算法架构日益丰富，极大地促进了数据分析、自然语言处理、计算机视觉等诸多领域技术发展。本节将简要介绍一些典型算法，包括线性回归、逻辑回归、决策树、随机森林、支持向量机、朴素贝叶斯、k- 最近邻、人工神经网络、卷积神经网络、递归神经网络、长短期记忆网络、门控循环单元、生成对抗网络、自编码器、变分自编码器、主成分分析、Transformer、图神经网络、强化学习等。限于篇幅，这些基础算法的衍生变体模型不做深入讨论。图 2-2 所示为典型深度学习算法架构示意图。

2.3.1   线性回归

线性回归（Linear Regression）是一种经典的机器学习模型，用于建模自变量（特征）与因变量之间的线性关系。其基本思想是通过一个线性函数对特征和目标之间的关系进行建模，从而实现对目标值的预测。线性回归模型使用最小二乘法作为损失函数，通过最小化预测值与真实值之间的平方误差来求解最优模型参数，即确定最佳拟合直线的斜率和截距。

线性回归模型具有简单易用等特点，适用于许多回归问题。然而，线性回归模型也存在一些局限性和问题。首先，它只能处理特征与目标之间的线性关系，对于非线性关系的建模能力有限。其次，线性回归模型对异常值比较敏感，异常值的存在可能会影响模型的拟合效果和预测性能。

2.3.2   逻辑回归

逻辑回归（Logistic Regression）是一种分类算法，与线性回归不同，它主要用于解决二分类问题。逻辑回归在线性回归的基础上引入了 sigmoid 函数（也称为逻辑函数），将线性回归模型的输出映射到（0，1）区间，从而得到一个 0~1 之间的概率值，用于对样本进行分类。

逻辑回归的优点之一是原理简单，并且模型具有很好的可解释性，可以清晰地理解特征对于分类的影响程度。此外，逻辑回归在样本量较大、特征空间不是很大的情况下，通常表现良好。然而，当特征空间非常庞大或特征之间存在复杂的非线性关系时，逻辑回归的性能可能会受到限制，可能出现欠拟合或性能不佳等情况。

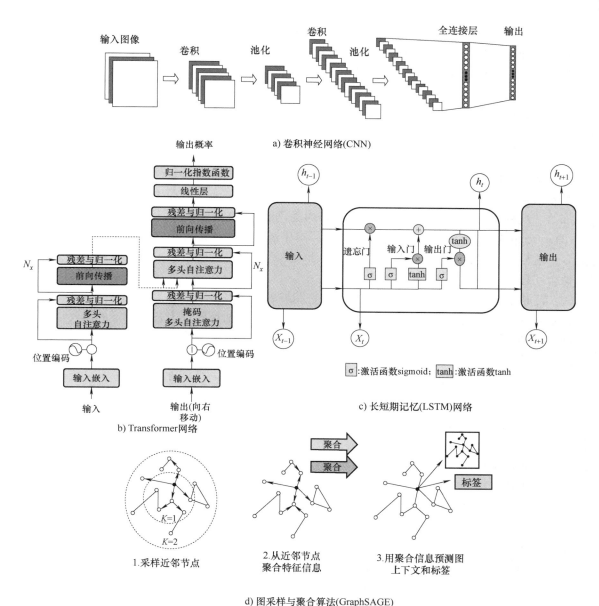

图 2-2　典型深度学习算法架构示意图

2.3.3　决策树

决策树（Decision Tree）是一种具有树状结构的算法模型，它通过一系列的条件判断来对数据进行分类或回归。决策树由根节点、内部节点、叶节点组成。根节点只有一个，每个内部节点代表一个属性上的判断条件，每个分支代表该条件的一种可能结果，而每个叶节点则表示一个类别或具体的预测值。决策树的学习过程从根节点开始，通过测试待分类项的特征属性，并根据其值选择相应分支，直到到达叶节点，将叶节点存放的类别作为决策结果。

决策树按照非叶节点划分数据集判断标准的不同，可以大致分为两类：一类是基于信息熵的决策树，如 ID3、C4.5 决策树算法；另一种是基于基尼（Gini）系数的决策树，如 CART 决策树算法。决策树模型需要的训练样本小，便于可视化。但决策树的稳定性较低，对数据集进行很小的改变就可能导致训练出完全不同的树，可以通过使用集成算法（随机森林、XGBoost）来解决这个问题。

2.3.4　随机森林

随机森林（Random Forest）是一种集成学习算法，它通过构建多棵决策树并对它们的预测结果进行投票来确定最终输出。每棵决策树都是基于随机选择的样本和特征来进行训练的，这种随机性使得随机森林具有良好的泛化能力和鲁棒性。随机森林采用了 Bagging（Bootstrap Aggregating）思想，即从总体样本中随机抽取一部分样本进行训练，然后通过多个这样的模型的结果进行投票或取平均值，从而获得更稳健的预测结果，有效避免了过拟合问题。

随机森林有几个显著的优点。首先，它能够处理大量特征而无需进行特征选择，这使得它在处理高维数据时非常有效。其次，随机森林可以估计数据中各个特征的重要性，帮助我们理解数据并改进模型。此外，由于它是基于决策树的集成模型，因此具有较好的鲁棒性和抗噪声能力。然而，随机森林也存在一些缺点。例如，在处理不平衡数据集时，它可能会偏向于多数类别的预测结果，导致对少数类别的预测准确度较低。此外，由于随机森林包含多个决策树，因此对于理解和解释模型不够直观。

2.3.5　支持向量机

支持向量机（Support Vector Machine，SVM）是一个二分类算法。其基本思想是在特征空间中找到最优超平面，使两个类别样本点之间间隔最大化。支持向量指的是距离超平面最近的那些训练样本点，而这些支持向量才是决定超平面位置的关键因素。由于这些点容易被误分类，故使离超平面比较近的点尽可能地远离超平面，最大化几何间隔，能优化分类效果。SVM 的思想正起源于此。支持向量机主要包括两种：线性支持向量机和非线性支持向量机。线性支持向量机主要用于线性可分问题，而非线性支持向量机则可以解决一些线性不可分问题，可通过引入核函数将数据映射到高维空间来实现。

支持向量机通常用于二分类问题，对于多元分类可将其分解为多个二元分类再进行分类。支持向量机模型有严格的数学理论支持，可解释性强且不依靠统计方法，从而简化了通常的分类和回归问题，并且，最终决策函数只由少数支持向量所确定，计算复杂性取决于支持向量的数目，而不是样本空间维数，这在某种意义上避免了"维数灾难"。但因为复杂度问题，支持向量机目前只适合小批量样本任务，无法适应百万甚至上亿样本任务。

2.3.6　朴素贝叶斯

朴素贝叶斯（Naive Bayes）算法是一种基于贝叶斯定理和特征条件独立假设的概率分类算法。其核心思想是通过已知类别训练样本集学习出每个类别概率分布模型，然后利用贝叶斯定理计算待分类样本属于各个类别的后验概率，最终选择具有最大后验概率的类别作为分类结果。朴素贝叶斯算法的特征独立性假设简化了计算过程，它假设每个特征在给定类别下都是独立的。虽然这个假设在现实问题中并不总是成立，但朴素贝叶斯算法在实际应用中通常表现出良好的分类效果。这种算法尤其适合于文本分类、垃圾邮件过滤、情感分析等多类别问题。

朴素贝叶斯算法在实践中有很多优点。首先，它对于高维数据和大规模数据集的分类效果较好，而且算法简单、易于实现。其次，朴素贝叶斯算法适用于实时分类任务，具有较快的训练速度和预测速度。此外，对于特征之间的弱相关性或可以近似为独立的情况，以及数据稀疏性问题，朴素贝叶斯算法也能够提供良好的分类效果。然而，朴素贝叶斯算法也有一些局限性，比如对于特征之间的依赖关系无法捕捉，因为它假设特征之间是独立的。此外，在面对数据不平衡或存在较多噪声的情况下，朴素贝叶斯算法可能会出现分类偏向于多数类别的情况。

2.3.7 k-最近邻

k-最近邻（k-Nearest Neighbor，kNN）算法是一种常用于分类和回归的统计方法。其中 k 代表着邻居个数，算法的基本思想是通过计算输入样本与训练集中样本之间的距离（通常使用欧氏距离或曼哈顿距离），然后选择距离最近的 k 个样本作为输入样本的邻居。通过对这些邻居的属性进行投票或加权平均来预测输入样本的属性。近邻算法的优点在于对数据分布没有任何假设，适用于复杂的非线性关系。它也是一种懒惰学习算法，即在预测阶段没有显式训练过程，而是利用训练数据对特征向量空间进行划分，并将划分结果作为最终算法模型。

然而，k-最近邻算法也存在一些缺点。首先，它对距离度量函数和 k 值选择非常敏感，不同距离度量方法和 k 值可能会导致不同预测结果。其次，算法在进行预测时需要遍历整个训练集来寻找最近邻居，因此计算量大，所需内存也较大。

2.3.8 人工神经网络

人工神经网络（Artificial Neural Network，ANN）是机器学习领域的一个重要子集，也是深度学习算法的核心之一。它模拟了人类神经系统的结构和工作原理，通过大量神经元和连接来处理复杂信息，并学习输入数据特征与目标之间的映射关系。

人工神经网络由多个神经元（或称为节点）组成。这些神经元之间通过连接（或称为边）相互联系，形成复杂的网络结构。每个神经元接收来自其他神经元的输入信号，并通过激活函数对这些输入信号进行加权求和，然后产生输出。在人工神经网络中，每个神经元都有一个权重参数，用于调节输入信号的重要性。这些权重参数在网络训练过程中通过反向传播算法进行调整，以使得网络的输出接近于期望值。神经元输出通常经过激活函数处理，如 sigmoid、ReLU 等，以增强网络的非线性拟合能力。通过多个神经元之间连接和权重调节，人工神经网络可以实现信息传递和处理。近十年来，人工神经网络研究工作不断深入，已经取得了很大进展，在模式识别、智能机器人、自动控制、预测估计、生物、医学、经济等领域已成功地解决了许多现代计算机难以解决的实际问题，表现出了良好的智能特性。

2.3.9   卷积神经网络

卷积神经网络（Convolutional Neural Network，CNN）受生物学上感受野（Receptive Field）机制启发，专门用来处理具有类似网格结构数据的、包含卷积计算且具有深度结构的前馈神经网络。CNN 源于 LeCun 提出的 LeNet-5，而其真正得到广泛关注是在 2012 年 AlexNet 取得 Image-Net 比赛的分类任务冠军，并且分类准确率远远超过利用传统方法实现的分类结果。自 AlexNet 以后，图像分类、目标检测、语义分割等领域都涌现出一系列基于 CNN 的算法。

CNN 的典型结构包括卷积层、池化层、全连接层等。同时，为了防止过拟合，CNN 还会加入一些正则化技术，如 Dropout 和 L2 正则等。卷积层可以有效地减少权重数量、降低计算量，同时也能够保留图像的空间结构信息。池化层则可以在不改变特征图维度的前提下，减少计算量，提高模型鲁棒性。全连接层和常规神经网络中一样，它的本质其实就是矩阵乘法再加上偏差，在多层感知机和分类模型最后一层输出结果。

CNN 有两个核心思想：卷积操作和参数共享。卷积操作可以在图像上进行滑动窗口计算，通过滤波器（又称卷积核）和池化层（Max Pooling）来提取出图像特征。卷积核参数实际上也可以称为权重，它描述了局部连接中该位置输入对于相应输出的影响力。通过卷积操作，我们实现了输入图像的局部连接，从而大大减少了网络模型中的参数量。利用图像的另一特性，参数量可以进一步降低。参数共享思想就是卷积核在整个输入图像上滑动时，所使用参数是相同的，这样可极大地减少模型参数数量，并且能够自动学习到图像中空间不变性或平移不变性。

2.3.10   递归神经网络

现实生活中有着多种类型的数据，包括图片、序列、表格等数据形式。时序数据指的是在给定时间段内以连续顺序发生的各种数据点的序列。人工神经网络和卷积神经网络通常只考虑当前时刻的输入数据，而较少考虑其他时刻的输入数据。这种方式在处理有序列关系的数据时具有局限性。递归神经网络（Recurrent Neural Network，RNN）的概念最早可以追溯到 20 世纪 80 年代，当时科学家们就开始探索如何使神经网络处理序列数据。最初，这些网络在处理长序列时遇到了一些挑战，如梯度消失或爆炸问题，这限制了它们在实际应用中的效果。随着时间推移，研究人员提出了各种改进措施，如双向 RNN、长短期记忆（LSTM）网络和门控循环单元（GRU）等，这些变体显著提高了 RNN 处理长序列数据的能力。相对于其他网络，RNN 在处理顺序输入任务（如语音和语言）时通常表现更好。RNN 每次处理输入序列中的一个元素，都在其隐藏单元中维护一个状态向量，该向量包含了序列中所有过去元素的历史信息。

递归神经网络通常由三个关键部分组成：输入层、一个或多个循环隐藏层以及输出层。在每个时间步，隐藏层接收两个输入：当前时间步的外部输入和上一个时间步的隐藏层状态。这种结构可以被视为一个展开的链式模型，因为每个时间步的隐藏层都与下一个时间步的隐藏层相连接，形成了一个时间序列的处理结构。在 RNN 中，输入层负责接收时间序列数据的外部输入，如文本、语音或者时间序列数据。循环隐藏层是 RNN 的关键部分，它在每个时间步接收两个输入，并通过激活函数处理这些输入，从而生成当前时间步的隐藏层状态。这个隐藏层状态在下一个时间步被用作输入，同时也会保留一部分信息作为网络的记忆，用来捕捉数据之间的时间依赖关系。最后，输出层根据隐藏层状态生成当前时间步的输出结果，可以是分类、回归或其他任务的结果。在 RNN 中，随着时间的推移，信息会在网络中逐渐丢失，这使得网络难以捕捉和学习长期依赖关系。

2.3.11　长短期记忆网络

长短期记忆（Long Short Term Memory，LSTM）网络旨在解决 RNN 在长序列学习中的困难，尤其是梯度消失问题。LSTM 网络引入了门控机制（Gating Mechanism），这种机制允许网络有选择地记住和忘记信息，包括输入门（Input Gate）、遗忘门（Forget Gate）和输出门（Output Gate），它们共同作用于所谓的单元状态（Cell State），控制信息流动。其中，遗忘门决定哪些信息应该从单元状态中被丢弃。输入门决定哪些新的信息应该被添加到单元状态中。输出门决定单元状态中的哪些信息应该被用来计算输出。这种门控机制的引入使得 LSTM 网络能够维护一个长期的内部状态，从而有效地捕获长距离的数据依赖关系。这使得 LSTM 网络在处理像自然语言处理、语音识别等需要理解长期依赖的领域中非常有效。

2.3.12　门控循环单元

LSTM 网络通过门控机制使循环神经网络不仅能记忆过去的信息，同时还能选择性地忘记一些不重要的信息而对长期语境等关系进行建模，而门控循环单元（Gated Recurrent Unit，GRU）基于同样的想法在保留长期序列信息下减少梯度消失问题。GRU 背后的原理与 LSTM 网络非常相似，即用门控机制控制输入、记忆等信息而在当前时间步做出预测。GRU 有两个门，即一个重置门（Reset Gate）和一个更新门（Update Gate）。从直观上来说，重置门决定了如何将新的输入信息与前面的记忆相结合，更新门定义了前面记忆保存到当前时间步的量。如果将重置门设置为"1"，更新门设置为"0"，那么将获得标准 RNN 模型。使用门控机制学习长期依赖关系的基本思想和 LSTM 网络基本一致，但还是存在一些关键区别：GRU 有两个门（重置门与更新门），而 LSTM 网络有三个（输入门、遗忘门和输出门）；LSTM 网络中的输入门与遗忘门对应于 GRU 中的更新门，重置门直接作用于前面的隐藏状态。

2.3.13　生成对抗网络

生成对抗网络（Generative Adversarial Network，GAN）作为一种深度学习模型，是近几年来无监督学习方法最具前景的方法之一，被广泛用于生成图像、视频和语音等。GAN 通过生成器和判别器相互对抗来进行学习。生成器试图生成尽可能真实的数据以欺骗判别器，而判别器则试图尽可能准确地区分出真实数据和生成数据。生成器接收一个随机噪声，通过这个噪声生成数据。这个过程可以被看作是从一个潜在空间中随机取样，然后映射到数据空间。生成器的目标是找到这样一个映射，使得生成数据尽可能地接近真实数据分布。同时，判别器接收一个输入，这个输入可能是真实的数据，也可能是生成的数据。判别器需要输出这个输入数据是真实数据的概率。判别器的目标是最大化其对真实数据和生成数据的分类准确率。

在训练过程中，生成器和判别器交替进行优化。首先固定生成器，优化判别器，使其尽可能准确地区分真实数据和生成数据。然后固定判别器，优化生成器，使其生成的数据尽可能地欺骗判别器。通过这样的交替优化、左右互搏，生成器和判别器最终会达到一个纳什均衡（Nash Equilibrium）。在这个点上，生成器能够生成的数据分布与真实数据的分布非常接近，以至于判别器无法区分生成的数据和真实的数据。也就是说，对于生成器生成的任何数据 x，判别器都有 50% 的概率判断它是真实的，50% 的概率判断它是生成的。也就是说，判别器在纳什均衡状态下变成了一个随机猜测器。这种状态反映了生成器已经学会了如何模拟真实数据分布，而判别器无法再提供有用反馈来指导生成器训练。

2.3.14　自编码器

自编码器（Autoencoder）是一种无监督机器学习算法，主要目的是从输入数据中学习一种编码方式，然后再将该编码解码为与输入数据尽量相似的输出数据。这个过程有助于模型学习到数据的有用特征，从而在许多任务中发挥作用。自编码器由编码器（Encoder）、编码（Code）和解码器（Decoder）组成。编码器负责将输入数据映射到编码空间（也称为潜在空间或隐藏空间）中。编码器通常由一个或多个神经网络层组成，这些层将输入数据压缩到较低维度的编码表示。编码表示包含了输入数据的关键特征。解码器负责将编码表示从编码空间解码为与输入数据尽量相似的输出数据。解码器同样由一个或多个神经网络层组成，它们将编码表示转换回原始数据形式。解码器的目标是使重建数据尽可能接近输入数据，以保留数据的关键信息。在实际应用中，我们往往只取中间的编码，这就等价于一个降维操作，然后再将这个表征用于分类等任务中。不同于 PCA（主成分分析）的线性降维，由于编码器是一个神经网络，因此自编码器可以实现非线性降维。

编码器映射空间不连续，且呈现不规则、无界的分布。这意味着在输入空间中相邻的点可能被映射到编码空间中的较远位置，导致编码空间布局不具有良好的结构性。这种情况在训练数据分布复杂或者数据噪声较大时尤为显著，可能会影响模型对数据的解释和理解能力。常见的自编码器有稀疏自编码器、收缩自编码器、降噪自编码器、堆栈自编码器和变分自编码器等。

2.3.15　变分自编码器

变分自编码器（Variational Autoencoder，VAE）是以自编码器结构为基础的深度生成模型。与普通自编码器一样，变分自编码器由编码器与解码器两大部分组成。原始图像从编码器输入，经编码器后形成隐式表示（Latent Representation），之后隐式表示被输入到解码器，再复原回原始输入结构。然而，与普通自编码器不同的是，变分自编码器的编码器与解码器在数据流上并不相连，不直接将编码器编码后的结果传递给解码器，而是要使得隐式表示满足既定分布。变分自编码器的编码器在输出时，也不会直接输出原始数据的隐式表示，而是会输出从原始数据提炼出的均值 μ 和标准差 σ。之后，需要建立均值为 μ、标准差为 σ 的正态分布，并从该正态分布中抽样出隐式表示 z，再将隐式表示 z 输入到解码器中进行解码。对隐式表示 z 而言，它传递给解码器的不是原始数据的信息，而只是与原始数据同均值、同标准差的分布中的信息。这就截断了神经网络中惯例的"从输入到输出"的数据流，以此避免了信息直接被复制到输出层的可能性，并使得编码器具有以满足特定分布数据的输入到输出的能力，也就是解码器的生成能力。

同时，变分自编码器拥有其他自编码器不具备的数据生成能力。在自编码器类算法中，大部分架构都只能够实现"数据改良"，即在输入数据上进行修改，真正能够实现数据生成的只有变分自编码器。

2.3.16 主成分分析

在机器学习和统计学领域，降维是指在某些限定条件下降低随机变量个数，得到一组"不相关"主变量的过程。换言之，降维其更深层次的意义在于有效信息的提取综合及无用信息的摈弃。与分类、回归、聚类等算法不同，降维的目标是将向量投影到低维空间，以实现可视化、分类等。

主成分分析（Principal Component Analysis，PCA）是一种常用的降维技术和统计过程。它通过正交变换将可能相关的变量观测值转换为一组称为主成分的线性不相关变量值。这种转换可以减少数据维度，使数据分析和计算更加高效和清晰。PCA 的主要目标是通过线性组合来解释一组变量的方差 - 协方差结构。通过找到最重要的主成分，PCA 有助于理解数据中哪些方面包含了最丰富的信息，以减少冗余信息和提高计算效率。在主成分分析中，首先需要对原始数据进行标准化处理，然后计算出数据的协方差矩阵。接着，通过对协方差矩阵进行特征值分解，可以得到其特征值和特征向量。特征向量表示了数据在不同方向上的变化程度，而特征值则表示了每个方向上的变化程度的大小。在保留数据所包含信息的前提下，可以选择保留最大特征值所对应的特征向量，这些特征向量组成的新的坐标系就称为主成分。可以利用主成分来描述原始数据，将其投影到主成分上，从而实现数据降维。

2.3.17 Transformer

Transformer 是一个面向序列到序列任务的经典模型。序列到序列是指输入一个向量，输出一个向量，两个向量长度不一定相等。Transformer 是首个完全依赖自注意力（Self-attention）计算输入和输出的算法架构。该机制同时考虑输入序列中每个位置信息，并计算每个位置对其他位置的重要性，使模型能够在处理序列数据时更好地捕捉长距离依赖关系。Transformer 模型的架构主要由编码器和解码器两部分组成。编码器由多个相同层堆叠而成，每层包含自注意力机制和前馈神经网络。解码器也类似，但除了包含自注意力机制和前馈神经网络外，还包含编码器 - 解码器注意力机制，允许解码器关注编码器的输出。编码器用于将输入序列编码成高维特征向量表示，解码器则用于将该向量表示解码成目标序列。Transformer 模型还使用了残差连接和层归一化等技术来加速模型收敛和提高模型性能。同时，由于 Transformer 模型没有循环结构，无法像循环神经网络那样从输入序列中推断位置顺序，因此需要引入位置编码来帮助模型理解单词在序列中的位置信息。每个词的嵌入向量不仅包含语义信息，还包含了关于单词在序列中的位置信息。引入位置编码有助于 Transformer 模型更好地处理序列数据，特别是在处理长序列时，位置编码可以帮助模型区分不同位置的单词，从而提高模型的性能和泛化能力。

Transformer 最初在机器翻译方面效果优异。以 Google 的 BERT 模型为例，它利用 Transformer 结构学习预训练的语言表示，为各种 NLP 任务提供了强大的基础，如文本分类、命名实体识别、情感分析等。Transformer 在计算机视觉等诸多领域也有卓越表现，成为当今深度学习领域的最重要架构之一。例如，Vision Transformer 将图像分割成小块，并利用 Transformer 模型对这些块进行处理，取得了媲美甚至超越传统卷积神经网络的表现。

2.3.18   图神经网络

图神经网络（Graph Neural Network，GNN）是指使用神经网络来学习图结构数据，提取和发掘图结构数据中的特征和模式，实现聚类、分类、预测、分割、生成等任务。图神经网络与传统的神经网络（如卷积神经网络、循环神经网络等）处理规则数据结构（如图像、时间序列）不同，图神经网络专门处理不规则的结构数据，如社交网络、知识图谱等。

图神经网络的主要思想是将每个节点的特征与其周围节点的特征进行聚合，形成新的节点表示。这个过程可以通过消息传递来实现，每个节点接收来自其邻居节点的消息，并将这些消息聚合成一个新的节点表示。这种方法可以反复迭代多次，以获取更全面的图结构信息。图神经网络结构通常由多个层组成，每个层都包含节点嵌入、消息传递和池化等操作。在节点嵌入操作中，每个节点特征被转换为低维向量表示，以便于神经网络进行学习和处理。在消息传递操作中，每个节点接收其邻居节点信息，并将这些信息聚合成一个新的节点表示。在池化操作中，节点表示被合并为整个图表示，以便于进行图级任务的预测。

目前，图神经网络已经广泛应用于许多领域，如社交网络分析、药物发现、推荐系统等。同时，也出现了许多变种的图神经网络模型，如图卷积网络（Graph Convolutional Network，GCN）、图注意力网络（Graph Attention Network，GAT）等，以适应不同的任务和数据类型。其中，GCN 是一种基于卷积操作的图神经网络模型，它通过在图结构上进行卷积操作来提取节点特征表示。GCN 模型利用图结构邻接矩阵和节点特征矩阵，通过多层卷积操作将节点特征进行逐步更新和整合，从而实现对图中节点信息的有效学习和表示。GAT 是一种基于注意力机制的图神经网络模型。GAT 引入了注意力机制来动态地计算节点之间的权重，从而在学习节点表示时更加注重那些与当前节点相关性更高的邻居节点。这种注意力机制使得 GAT 模型能够更加灵活地学习到图结构中的信息传递和特征交互，提高了对复杂图数据的建模能力。GCN 和 GAT 作为图神经网络的两种典型变种，分别基于卷积和注意力机制，在处理图结构数据时各有优势，可以根据具体任务和数据特点选择合适的模型来应用。这些模型的不断发展和完善为图数据的分析和挖掘提供了更多可能性，也推动了图神经网络在各个领域的广泛应用。

2.3.19 强化学习

强化学习（Reinforcement Learning，RL）强调通过交互来学习如何做出好的决策。它与有监督学习和无监督学习不同，强化学习关注的是智能体（Agent）在一个环境（Environment）中通过尝试与错误来学习最优策略，即一系列的动作，以获取最大化的累积奖励。强化学习通常使用马尔可夫决策过程（Markov Decision Process，MDP）来描述，具体而言，机器处在一个环境中，每个状态为机器对当前环境的感知，机器只能通过动作来影响环境。当机器执行一个动作后，会使得环境按某种概率转移到另一个状态。同时，环境会根据潜在的奖赏函数反馈给机器一个奖赏。综合而言，强化学习主要包含四个要素：状态、动作、转移概率以及奖赏函数。

强化学习中最典型的算法包括 Q 学习、Sarsa、DQN 等。Q 学习是一种基于价值迭代的强化学习算法，通过学习 Q 值函数来指导智能体做出最优的动作选择。Q 值函数表示在特定状态下采取某个动作后所能获得的长期回报，即状态 - 动作对的价值。核心思想是利用贝尔曼方程递归更新 Q 值，使智能体不断优化策略，最终实现对最优策略的学习。Sarsa 也是基于价值迭代的算法，更新 Q 值时考虑了智能体在下一时刻采取的动作，这使得其对策略调整更加灵活和稳定。DQN 结合了深度学习和强化学习，利用深度神经网络近似和学习 Q 值函数，适用于处理高维连续状态和动作空间的问题，并引入了经验回放和固定 Q 目标网络等技术提高稳定性和收敛性。强化学习比较典型的应用场景是游戏，例如打败世界围棋冠军的 AlphaGo 和 AlphaZero 等，这些可以看作是为更颠覆性的应用场景做铺垫。目前强化学习在推荐系统、对话系统、教育培训、广告、金融等领域也有应用。

第 3 章

模糊逻辑基础

课程视频

PPT 课件

3.1 模糊逻辑的发展历程与基本概念

3.1.1 模糊逻辑的发展历程

1. 模糊逻辑的起源

模糊逻辑指模仿人脑的不确定性概念判断、推理思维方式，对于模型未知或不能确定的描述系统，以及强非线性、大滞后的控制对象，应用模糊集合和模糊规则进行推理，表达过渡性界限或定性知识经验，模拟人脑方式，实行模糊综合判断，推理解决常规方法难以对付的规则型模糊信息问题。模糊逻辑善于表达界限不清晰的定性知识与经验。它借助于隶属度函数概念，区分模糊集合，处理模糊关系，模拟人脑实施规则型推理，解决因"排中律"的逻辑产生的不确定问题。

1965 年美国数学家 L.Zadeh 首先提出了模糊集合的概念，标志着模糊数学的诞生。建立在二值逻辑基础上的原有的逻辑与数学难以描述和处理现实中模糊性的对象，而模糊数学与模糊逻辑实质上是要对模糊性对象进行精确的描述和处理。L.Zadeh 为了建立模糊性对象的数学模型，把只取 0 和 1 二值的普通集合概念推广为在 [0,1] 区间上取无穷多值的模糊集合概念，并用"隶属度"这一概念来精确地刻画元素与模糊集合之间的关系。正因为模糊集合以连续的无穷多值为依据，所以模糊逻辑可看作运用无穷连续值的模糊集合去研究模糊性对象的科学。把模糊数学的一些基本概念和方法运用到逻辑领域中，产生了模糊逻辑变量、模糊逻辑函数等基本概念。对于模糊联结词与模糊真值表也做了相应的对比研究。创立和研究模糊逻辑的主要意义有：运用模糊逻辑变量、模糊逻辑函数和似然推理等新思想、新理论，为寻找解决模糊性问题的突破口奠定了理论基础，从逻辑思想上为研究模糊性对象指明了方向；模糊逻辑在原有的布尔代数、二值逻辑等数学和逻辑工具难以描述和处理的自动控制过程、疑难病症的诊断、大系统的研究等方面，都具有独到之处；在方法论上，为人类从精确性到模糊性、从确定性到不确定性的研究提供了正确的研究方法。此外，在数学基础研究方面，模糊逻辑有助于解决某些悖论，对辩证逻辑的研究也会产生深远的影响。当然，模糊逻辑理论本身还有待进一步系统化、完整化、规范化。

2. 模糊逻辑的发展

（1）模糊理论的萌芽（20世纪60年代）　在20世纪60年代初期，L.Zadeh 认为经典控制论过于强调精确性反而无法处理复杂的系统。正如他在1962年的文章中提到的，在处理生物系统时，需要一种彻底不同的数学——关于模糊量的数学，该数学不能用概率分布来描述。后来，他将这些思想正式形成文章《模糊集合》。

自模糊理论诞生起，它就一直处于各派的激烈争论之中。一些学者认可这一理论并着手在这一新领域中进行研究。而另一些学者则反对这一理论，认为"模糊化"与基本的科学原则相违背。其中，最大的挑战来自统计和概率论领域的数学家们，他们认为概率论已足以描述不确定性。任何模糊理论可以解决的问题，概率论都可以很好地解决。由于模糊理论在初期没有实际应用，所以它很难击败这种纯哲学观点的质疑。尽管模糊理论没有成为主流，但世界各地仍有许多学者毕生致力于这一新领域的研究。在20世纪60年代后期，这些学者提出了许多新的模糊方法，如模糊算法、模糊决策等。

（2）模糊理论的发展（20世纪70年代）　模糊理论成为一个独立的领域，很大程度上归功于 L.Zadeh 的贡献及其杰出的研究工作。模糊理论的大多数基本概念都是由 L.Zadeh 在20世纪60年代末至20世纪70年代初提出来的。他在1965年提出模糊集合后，又在1968年提出模糊算法的概念，在1970年提出了模糊决策，在1971年提出了模糊排序。1973年他发表了另一篇开创性文章《分析复杂系统和决策过程的新方法纲要》。该文建立了研究模糊控制的基础理论，在引入语言变量这一概念的基础上，提出了用模糊 IF-THEN 规则来量化人类知识。

20世纪70年代的一个重大事件就是诞生了处理实际系统的模糊控制器。在1975年，Mamdani 和 Assilian 创立了模糊控制器的基本框架，并将模糊控制器用于控制蒸汽机。他们的研究成果发表在文章《带有模糊逻辑控制器的语言合成实验》中，这是关于模糊理论的另一篇具有开创性的文章。他们发现模糊控制器非常易于构造且运作效果较好。后来，在1978年，Holmblad 等为整个工业过程开发出了第一个模糊控制器——模糊水泥窑控制器。总体说来，公认的模糊理论的基础创建于20世纪70年代。随着许多新概念的引进，模糊理论作为一门新领域的前景已经日益清晰了。像模糊蒸汽机控制器和模糊水泥窑控制器这类最初的应用也已经表明了这一领域的潜力。通常来说，一个领域的开拓应该是通过大型研究机构将主要资源放在该领域来实现的。然而不幸的是，实际情况并非如此。20世纪70年代末至20世纪80年代初，尤其是在美国，模糊理论的许多学者由于无法找到继续研究的支持而转向了其他领域。

（3）模糊理论的应用（20世纪80年代）　从理论角度讲，20世纪80年代初这一领域的进展缓慢。这期间没有提出什么新的概念和方法，这是因为几乎没有人继续从事该领域的研究，只有模糊控制方面的应用保留了下来。

日本工程师以其对新技术的敏感性，迅速地发现模糊控制器对许多问题来讲都是易于设计的，而且操作效果也非常好。因为模糊控制不需要过程的数学模型，所以它可以应用到很多因数学模型未知而无法使用传统控制论的系统中去。1980年，Sugeno 开创了日本的首次模糊应用——控制一家富士（Fuji）电子水净化工厂。1983年，他又开始研究模糊机器人，这种机器人能够根据呼唤命令来自动控制汽车的停放。20世纪80年代初，来自日立公司的 Yasunobu 和 Miyamoto 开始给仙台地铁开发模糊系统。他们于1987年结束了该项目，并创造了世界上最先进的地铁系统。

1987 年 7 月，第二届国际模糊系统协会年会在东京召开，会议召开时间是仙台地铁开始运行后的第三天。Hirota 在会议上演示了一种模糊机器人手臂，它能实时地做二元空间内的乒乓动作，Yamakawa 也证明了模糊系统可以保持倒立摆的平衡。此后，支持模糊理论的浪潮迅速蔓延到工程、政府以及商业团体中。到了 20 世纪 90 年代初，市场上已经出现了大量的模糊消费产品。

（4）模糊理论的挑战（20 世纪 90 年代之后）　模糊系统在日本的成功应用震惊了美国和欧洲的主流学者。越来越多的学者改变了对模糊理论批评的态度，给予了模糊理论发展壮大的机会。1992 年 2 月，首届 IEEE（电气电子工程师学会）模糊系统国际会议在圣地亚哥召开，标志着模糊理论被世界工程师所接受，并于 1993 年创办了 IEEE 模糊系统会刊。从理论角度来看，模糊系统与模糊控制在 20 世纪 80 年代末至 20 世纪 90 年代初发展迅猛。对于模糊系统与模糊控制中的一些基本问题研究已经取得可喜的进步，例如利用神经网络技术系统地确定隶属度函数及严格分析模糊系统的稳定性。尽管模糊系统应用于控制理论的整体图景已经越来越清晰，但大多数的方法和分析仍停留在初级阶段。只有当顶尖研究机构将重要人力放在模糊理论研究上时，该理论才能产生巨大的进步。

3.1.2　模糊逻辑的基本概念

1. 模糊的概念

所谓模糊现象，是指客观事物之间难以用分明的界限加以区分的状态，它产生于人们对客观事物的识别和分类之时，并反映在概念之中。分明概念是扬弃了概念的模糊性而抽象出来的，是把思维绝对化而达到的概念的精确和严格。然而模糊集合不是简单地扬弃概念的模糊性，而是尽量如实地反映人们使用模糊概念时的本来含义。这是模糊数学与普通数学在方法论上的根本区别。模糊数学用精确的数学语言去描述模糊性现象，它代表了一种与基于概率论方法处理不确定性的不同思想。随机性和模糊性是反映客观对象不确定性的两个方面，概率论适合处理随机性，模糊集适合处理模糊性。

德国数学家康托尔于 19 世纪末创立了集合论，在集合论中，对于在论域中的任何一个对象（元素），它与集合之间的关系只能是属于或者不属于的关系，即一个对象（元素）是否属于某个集合的特征函数的取值范围被限制为 0 和 1 两个数。这种二值逻辑已成为现代数学的基础。

人们在从事社会生产实践、科学实验的活动中，大脑形成的许多概念往往都是模糊概念。这些概念的外延是不清晰的，具有亦此亦彼性，如"肯定不可能""极小可能""非常可能"等。然而，只用经典集合已经很难刻画出如此多的模糊概念了。在康托尔集合论的基础上，美国加利福尼亚大学控制论专家扎德（Zadeh）教授于 1965 年创立了模糊集合理论。在模糊集合中，一个对象（元素）是否属于某个模糊集的隶属函数（特征函数）可以在 [0, 1] 中取值，这就突破了传统的二值逻辑的束缚。模糊集理论使得数学的理论与应用研究范围从精确问题拓展到了模糊现象的领域。

模糊集理论的核心思想是把取值仅为 1 或 0 的特征函数扩展到可在闭区间 [0, 1] 中任意取值的隶属函数，而把取定的值称为元素 x 对集合的隶属度。经典集合所描述的是确切概念，论域中的元素要么属于它要么不属于它，非此即彼，泾渭分明，对应的特征函数要么为 1 要么为 0，两者必居其一。而对于模糊概念，例如，"30 岁女性，体重 55kg 是否属于瘦"，用绝对的属于或不属于去描述就欠合理了。扎德教授为拓广集合论，打破绝对的隶属关系，提出了模糊集合概念。

2. 经典集合

经典集合论域（考虑对象全体）中的任一元素要么属于集合，要么不属于集合，两者必居其一，且仅居其一，描述的是"非此即彼"的分明概念。我们将概念所描述的范围称为论域，论域中的每个对象称为元素。至此，有集合定义如下：

定义 3.1（集合）　给定论域 U，其中具有特定属性的元素全体称 U 上的一个集合。集合常以大写字母 A，B，…表示，论域常以大写字母 U、V、X、Y 等表示，元素用小写字母 u、v、x、y 等表示。

集合的表示方法有列举法、定义法和特征函数法等。

1）列举法。在大括号中列写出集合的全体元素，如

$$A=\{u_1,u_2,\cdots,u_n\} \tag{3-1}$$

式中，u_1，u_2，…，u_n 是论域 U 中属于集合 A 的元素的全体。

2）定义法。定义法给出集合中元素的特征，如

$$A=\{u|u\in U,u\text{ 是奇数},u<10\} \tag{3-2}$$

式中，符号 $\in$ 表示"属于"。

3）特征函数法。

定义 3.2（特征函数）　设 A 是论域 U 上的一个集合，定义 U 上的函数为

$$X_A(x)=\begin{cases}1, & x\in A \\ 0, & x\notin A\end{cases} \tag{3-3}$$

$X_A(x)$ 为集合 A 的特征函数，简记为 $A(x)$ 符号 $\notin$ 表示"不属于"。对于普通集合 A 和任一元素 x，要么 $x\in A$，要么 $x\notin A$，这一特征可用函数 $X_A(x)$ 或 $A(x)$ 表示。

下面简单介绍有关经典集合的一些概念和运算。

定义 3.3　A 和 B 是同一论域上的两个集合，若 A 中的元素全都是 B 中的元素，那么称 A 是 B 的子集，记作 $A\subseteq B$ 或 $B\supseteq A$，读作 A 包含于 B，或 B 包含 A。若 $A\subseteq B$ 且 B 中至少有一个元素不属于 A，则称 A 是 B 的真子集，记作 $A\subset B$。若 $A\subseteq B$ 且 $B\subseteq A$，则称 A 等于 B，或 B 等于 A，记作 $A=B$ 或 $B=A$。

定义 3.4　设 A 和 B 是论域 U 上的两个集合，由集合 A 和集合 B 的所有元素所组成的集合称为 A 和 B 的并集，记作 $A\cup B$；由所有既属于 A 又属于 B 的元素所组成的集合称为 A 和 B 的交集，记作 $A\cap B$；由 U 中所有不属于 A 的元素所组成的集合称为 A 的补集，记为 $\overline{A}$ 或 A^c。

上述定义也可表示为

并集：$A\cup B=\{u\in U\mid u\in A$ 或 $u\in B\}$。

交集：$A\cap B=\{u\in U\mid u\in A$ 且 $u\in B\}$。

补集：$\overline{A}=\{u\in U\mid u\notin A\}$。

差集：$A-B=\{u\in U\mid u\in A$ 且 $u\notin B\}$。

不难证明集合的并、交、补运算有下面的一些性质。

性质 3.1　集合的并、交、补运算性质如下。

1）幂等律：$A \cup A = A$，$A \cap A = A$。

2）交换律：$A \cup B = B \cup A$，$A \cap B = B \cap A$。

3）结合律：$(A \cup B) \cup C = A \cup (B \cup C)$，$(A \cap B) \cap C = A \cap (B \cap C)$。

4）分配律：$A \cap (B \cup C) = (A \cap B) \cup (A \cap C)$，$A \cup (B \cap C) = (A \cup B) \cap (A \cup C)$。

5）吸收律：$(A \cap B) \cup A = A$，$(A \cup B) \cap A = A$。

6）两极律：$A \cup U = U$，$A \cup \varnothing = A$，$A \cap U = A$，$A \cap \varnothing = \varnothing$。

7）复原律：$\overline{\overline{A}} = A$。

8）德摩根律：$\overline{A \cup B} = \overline{B} \cap \overline{A}$，$\overline{A \cap B} = \overline{B} \cup \overline{A}$。

9）排中律：$A \cup \overline{A} = U$，$A \cap \overline{A} = \varnothing$。

定义 3.5（映射）　设两个集合 A, B，若存在一个规则 f，使每一个 $x \in A$ 唯一确定一个 $y \in B$ 与其对应，则称 f 是 A 到 B 的一个映射，记为

$$f: A \rightarrow B \tag{3-4}$$

式中，A 称为映射 f 的定义域；B 称为 f 的值域。y 称为 x 在 f 下的像，记作 $y = f(x)$，并用符号 $f: x \mapsto y$ 表示；x 称为 y 的一个原像。

根据映射的定义，集合的特征函数也可以用映射来表示。设 A 是论域 U 上的集合，由 A 可确定一个由 U 到 $\{0, 1\}$ 的映射 μ_A 为

$$\mu_A: U \rightarrow \{0, 1\}; u \mapsto \mu_A(u) \tag{3-5}$$

这里 $u \in U$，U 为映射 μ_A 的定义域。$\{0, 1\}$ 为值域，特征函数 $\mu_A(u)$ 为 u 在映射 μ_A 下的像，u 为原像。值域 $\{0, 1\}$ 只包含 0 和 1 两个值。

定义 3.6（单射）　如果 $\forall x_1, x_2 \in A$，有 $x_1 \neq x_2 \mapsto f(x_1) \neq f(x_2)$，则称映射 $f: A \rightarrow B$ 为单射，即不同的原像不会有同一个像。

如果 $\forall y \in B$，有 $\exists x \in A$ 使 $y = f(x)$，则映射 f 称为满射，即 B 中所有元素都至少有一个原像；如果 f 既是单射又是满射，则 f 称为双射，双射也称一一对应。由定义 3.6 可知，单射情况下，一个像只有一个原像；满射情况下，所有像都至少有一个原像；双射情况下，定义域和值域内的所有元素一一对应。

定义 3.7（逆映射）　设映射 $f: A \rightarrow B$ 是一一对应的，称 $f^{-1}: B \rightarrow A$ 为 f 的逆映射，其中 $f^{-1}(y) = x$ 当且仅当 $f(x) = y$。

定义 3.8（合成映射）　设 A, B, C 是三个集合，已知两个映射 $f: A \rightarrow B$ 和 $g: B \rightarrow C$，则可由 f 与 g 确定 A 到 C 的映射，即

$$h: A \rightarrow C; a \mapsto h(a) = g(f(a)) \tag{3-6}$$

称映射 h 为 f 与 g 的合成映射，记为

$$h = f \circ g \tag{3-7}$$

性质 3.2　合成映射具有下述性质。

1）若 $f: A \rightarrow B$；$g: B \rightarrow C$；$h: C \rightarrow D$，则 $h \circ (f \circ g) = (h \circ f) \circ g$。

2）若 f, g 都是满射，则 $g \circ f$ 也是满射。

3）若 f, g 都是双射，则 $g \circ f$ 也是双射。

4）若 $g \circ f$ 是满射，则 g 也是满射。

3. 模糊集定义

定义 3.9（模糊集）　设 U 是一给定论域，则 U 上的一个模糊集 A 为

$$A=\{\langle x,\mu_A(x)\rangle|x\in U\} \tag{3-8}$$

式中，$\mu_A(x)$ 是模糊集 A 的隶属函数，且对于所有 $x\in U$，$0\leqslant\mu_A(x)\leqslant1$，$\mu_A(x)$ 表示 x 对 A 的隶属程度，称为隶属函数。

隶属函数 $\mu_A(x)$ 可以表示为一个映射，即

$$\mu_A:U\rightarrow[0,1];x\mapsto\mu_A(x) \tag{3-9}$$

式中，μ_A 就是 A 的隶属函数。

隶属函数 $\mu_A(x)$ 的值越接近于 1，表示 x 隶属于模糊集合 A 的程度越高；$\mu_A(x)$ 越接近于 0，表示 x 隶属于模糊集合 A 的程度越低；当 $\mu_A(x)$ 的值域为 $\{0,1\}$ 时，A 便退化成为经典集合，因此可以认为模糊集合是普通集合的一般化。

4. 模糊集表示

设论域 $U=\langle u_1,u_2,\cdots,u_n\rangle$，$A$ 为其上的模糊子集。常见的表示方法如下。

1）Zadeh 法：

$$A=\frac{\mu_A(u_1)}{u_1}+\frac{\mu_A(u_2)}{u_2}+\cdots+\frac{\mu_A(u_n)}{u_n}=\sum_{i=1}^n\frac{\mu_A(u_i)}{u_i} \tag{3-10}$$

2）向量法：

$$A=\{\mu_A(u_1),\mu_A(u_2),\ \cdots,\mu_A(u_n)\} \tag{3-11}$$

3）序偶法：

$$A=\{(\mu_A(u_1),u_1),(\mu_A(u_2),u_2),\ \cdots,(\mu_A(u_n),u_n)\} \tag{3-12}$$

4）单点法［称 $\mu_A(u_i)/u_i$ 为单点］：

$$A=\{\mu_A(u_1)/u_1,\mu_A(u_2)/u_2,\ \cdots,\mu_A(u_n)/u_n\} \tag{3-13}$$

5）解析法：解析法给出具体隶属函数的解析式，当论域 U 为实数集 **R** 上的一区间时此法显得方便。

3.2　模糊逻辑的理论基础

3.2.1　模糊集合运算

1. 基本运算

模糊集的几个特性可用隶属函数来定义。设 A，B，$C\in F(U)$，则有

1）模糊子集的并集 $C=A\cup B$，即

$$\mu_C(u)=\mu_A(u)\vee\mu_B(u)\text{ 或 }\mu_C(u)=\mu_{A\cup B}(u)=\max[\mu_A(u),\mu_B(u)] \tag{3-14}$$

式中，$\vee$ 和 max 均表示取大运算。

2）模糊子集的交集 $C=A\cap B$，即

$$\mu_C(u)=\mu_A(u)\wedge\mu_B(u)\text{ 或 }\mu_C(u)=\mu_{A\cap B}(u)=\min[\mu_A(u),\mu_B(u)] \tag{3-15}$$

式中，$\wedge$ 和 min 均表示取小运算。

3）模糊子集 A 的补集 $\overline{A}$，即

$$\mu_{\overline{A}}(u)=1-\mu_A(u) \tag{3-16}$$

如果为连续的隶属函数，则模糊子集的性质与基本运算如图 3-1 所示。

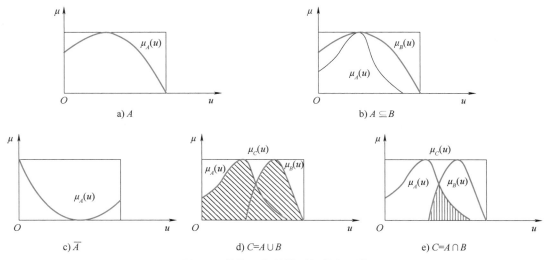

图 3-1   模糊子集的性质与基本运算

4）两个模糊子集相等，即

$$\forall u\in U,A=B,\text{当且仅当}\ \mu_A(u)=\mu_B(u) \tag{3-17}$$

5）两个模糊子集包含，即

$$\forall u\in U,A\subseteq B,\text{当且仅当}\ \mu_A(u)\leqslant\mu_B(u) \tag{3-18}$$

显然有

$$A\subseteq A\cup B;\ B\subseteq A\cup B;\ A\cap B\subseteq A;\ A\cap B\subseteq B \tag{3-19}$$

2. 基本性质

性质 3.3   模糊集合的并、交、补运算性质如下。

1）幂等律：$A\cup A=A$，$A\cap A=A$。

2）交换律：$A\cup B=B\cup A$，$A\cap B=B\cap A$。

3）结合律：$(A\cup B)\cup C=A\cup(B\cup C)$，$(A\cap B)\cap C=A\cap(B\cap C)$。

4）分配律：$A\cap(B\cup C)=(A\cap B)\cup(A\cap C)$，$A\cup(B\cap C)=(A\cup B)\cap(A\cup C)$。

5）吸收律：$(A\cap B)\cup A=A$，$(A\cup B)\cap A=A$。

6）两极律：$A\cup U=U$，$A\cup\varnothing=A$，$A\cap U=A$，$A\cap\varnothing=\varnothing$。

7）复原律：$\overline{\overline{A}}=A$。

8）德摩根律：$\overline{A\cup B}=\overline{B}\cap\overline{A}$，$\overline{A\cap B}=\overline{B}\cup\overline{A}$。

9）传递律：若 $A\subseteq B$，$B\subseteq C$，则 $A\subseteq C$。

10）排中律不成立，即一般为 $A\cup\overline{A}\neq U$，$A\cap\overline{A}\neq\varnothing$。

以上运算规律与经典集合的运算规律基本对应，而经典集合的排中律在模糊集合中则不成立，因为模糊集合本身就是对经典集合排中律的一种突破。

3. 分解定理

常常碰到这样的问题，要对一批产品进行"合格"检验，故要制定一个标准。当某件产品属于"合格"的隶属度达到或超过特定水平 $\lambda(0 \leqslant \lambda \leqslant 1)$ 时，便可认定该产品合格，所有合格产品构成的集合 A_λ 属于普通集合。

（1）λ 截集 在实际应用中有时需要对模糊现象做出明确的判断，因此需把模糊集合与经典集合结合起来。为此，给定一个数 $\lambda \in [0, 1]$，λ 作为一门限，当 $\mu_A(x) \geqslant \lambda$ 时，就认为 x 是 A 中的元素。这样对于每一个 $\lambda \in [0, 1]$，都能从论域 X 中确定一个经典集合，它是 A 在 λ 这一门限下的显像。

定义 3.10（λ 截集） 设 $A \in F(X)$，$\forall \lambda \in [0, 1]$ 记

$$A_\lambda = (A)_\lambda = \{x \in X \mid \mu_\lambda(x) \geqslant \lambda\} \text{ 或 } A_{\lambda^*} = (A)_{\lambda^*} = \{x \in X \mid \mu_A(x) > \lambda\} \tag{3-20}$$

式中不等号 "$\geqslant$" 换成 "$>$"，称为 A 的 λ 强截集或开截集。

λ 截集的特征函数为

$$X_{A_\lambda}(x) = \begin{cases} 1, & \mu_A(x) \geqslant \lambda \\ 0, & \mu_A(x) < \lambda \end{cases} \tag{3-21}$$

特征函数曲线如图 3-2 所示，图 3-2 中粗线为 A_λ 的特征函数。

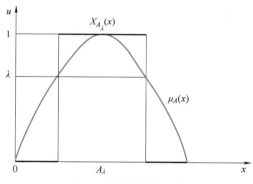

图 3-2 特征函数曲线

性质 3.4 截集有下列性质。

1）$(A \cup B)_\lambda = A_\lambda \cup B_\lambda$，$(A \cap B)_\lambda = A_\lambda \cap B_\lambda$。

2）$(A \cup B)_{\lambda^*} = A_{\lambda^*} \cup B_{\lambda^*}$，$(A \cap B)_{\lambda^*} = A_{\lambda^*} \cap B_{\lambda^*}$。

3）$A_{\lambda^*} \subseteq A_\lambda$。

4）若 $A \subseteq B$，则 $A_\lambda \subseteq B_\lambda$。

5）若 $\lambda_1 \geqslant \lambda_2$，则 $A_{\lambda_1} \subseteq A_{\lambda_2}$，$A_{\lambda_1}^* \subseteq B_{\lambda_2}^*$。

6）$(\overline{A})_\lambda = \overline{A_{(1-\lambda^*)}}$。

7）$(\overline{A})_{\lambda^*} = \overline{A_{(1-\lambda)}}$。

8）$A_0 = X$，$A_{1^*} = \varnothing$。

定义 3.11 设 $A \in F(X)$，称 A_1 为 A 的核，记为 $\ker A$，即

$$A_1 = \ker A = \{x \in X \mid \mu_A(x) = 1\} \tag{3-22}$$

称 A_{0+} 为 A 的支集（支撑集），记作 $\operatorname{supp} A$，即

$$A_{0+} = \operatorname{supp} A = \{x \in X \mid \mu_A(x) > 0\} \tag{3-23}$$

称 A_{0+}、A_1 为 A 的边界。

模糊集 A 的核、支集和截集之间的关系如图 3-3 所示。

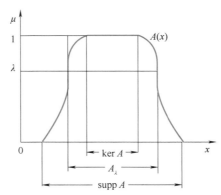

图 3-3   模糊集 A 的核、支集和截集之间的关系

定义 3.12   设 $A \in F(X)$，若 $\mathrm{ker}A \neq \varnothing$，则 A 称为正规模糊集，否则 A 称为非正规模糊集。A 的截集、支集、核属于经典集合，一般有

$$\mathrm{ker}A \subseteq A_\lambda \subseteq \mathrm{supp}A \subseteq X \tag{3-24}$$

即

$$A_1 \subseteq A_\lambda \subseteq A_{0^*} \subseteq A_0 \tag{3-25}$$

式中，$\lambda \in (0, 1)$。

（2）分解定理

定义 3.13   设 $\lambda \in [0, 1]$，$A \in F(X)$，由 λ，A 构造一个新的模糊集，记为 λA，称为 λ 与 A 的数乘，其隶属函数为

$$\mu_{\lambda A}(x) = \lambda \wedge A_{\mu A}(x), x \in X \tag{3-26}$$

数乘有下列性质。

1）若 $\lambda_1 \leqslant \lambda_2$，则 $\lambda_1 A \subseteq \lambda_2 A$。

2）若 $A \subseteq B$，则 $\lambda A \subseteq \lambda B$。

定理 3.1（分解定理）   设 $\lambda \in [0, 1]$，$A \in F(X)$，则

$$A = \bigcup_{\lambda \in [0,1]} \lambda A_\lambda \tag{3-27}$$

证明   只需证明 $\forall x \in X$ 有 $\mu_A(x) = \bigvee_{\lambda [0,1]} (\lambda \wedge \mu_{A_\lambda}(x))$ 成立。

$$\bigvee_{\lambda [0,1]} (\lambda \wedge \mu_{A_\lambda}(x)) = (\bigvee_{\lambda [0, \mu_A(x)]} (\lambda \wedge \mu_{A_\lambda}(x))) \vee (\bigvee_{\lambda [\mu_A(x),1]} (\lambda \wedge \mu_{A_\lambda}(x)))$$

注意到

$$\mu_{A_\lambda}(x) = \begin{cases} 1, & x \in A \\ 0, & x \notin A \end{cases}$$

$$= \begin{cases} 1, & \mu_A(x) \geqslant \lambda \\ 0, & \mu_A(x) < \lambda \end{cases}$$

所以

$$\bigvee_{\lambda [0,1]} (\lambda \wedge \mu_{A_\lambda}(x)) = (\bigvee_{\lambda [0, \mu_A(x)]} (\lambda \wedge 1)) \vee (\bigvee_{\lambda [\mu_A(x),1]} (\lambda \wedge 0)$$

$$= \bigvee_{\lambda [0, \mu_A(x)]} \lambda = \mu_A(x)$$

由此可知，任何模糊集合 A 都可以分解成 $\lambda A_\lambda (\lambda \in [0, 1])$ 之并。其中，λA_λ 是其隶属

函数取 0 和 λ 两个值的特殊模糊集，它由数 λ 和 A 的截集 A_λ 的数乘得到。

4. 扩张原理

我们用 $P(X)$ 表示论域 X 上的所有集合，对于 X，Y 存在两个映射：$P(X)$ 到 $P(Y)$ 的映射和 $P(Y)$ 到 $P(X)$ 的映射，前者记为 f，后者记为 f^{-1}，经典扩张原理为

$$f:P(X)\to P(Y); A\mapsto f(A)=\{y|\exists x\in A, y=f(x)\} \tag{3-28}$$

$$f^{-1}:P(Y)\to P(X); B\mapsto f^{-1}(B)=\{x\,|\,f(x)\in B\} \tag{3-29}$$

经典扩张原理把两个论域中元素间的对应关系扩张到集合之间的对应关系。$f(A)$ 是 $\forall x\in A$ 在映射 $x\mapsto f(x)$ 下的像的集合，而 $f^{-1}(B)$ 则是映射 $x\mapsto f(x)$ 下所有属于 B 的像 $\forall f(x)\in B$ 的原像的集合。

性质 3.5 由经典扩张原理定义的映射 f 和 f^{-1} 具有下述性质。

1）$f(\cup_{t\in T}A_t)=\cup_{t\in T}f(A_t)$。

2）$f(\cap_{t\in T}A_t)\subseteq\cap_{t\in T}f(A_t)$。

3）$f^{-1}(\cup_{t\in T}B_t)=\cup_{t\in T}f^{-1}(B_t)$。

4）$f^{-1}(\cap_{i\in T}B_i)=\cap_{i\in T}f^{-1}(B_i)$。

5）$f^{-1}(f(A))\supseteq A$，f 为单射时等号成立。

6）$f(f^{-1}(B))\subseteq B$，f 为满射时等号成立。

7）$f^{-1}(\overline{B})=\overline{f^{-1}(B)}$。

对于经典集合 $A\in P(X)$，经典扩张原理把 A 映射为 $f(A)$，那么对于模糊集合 $A\in F(X)$，经过映射 f 后变成什么呢？

定义 3.14（扩张原理） 对于模糊集合 $F(X)$ 到 $F(Y)$，有模糊集合扩张映射如下：
$F(X)$ 到 $F(Y)$ 的映射，即

$$f:F(X)\to F(Y); A\mapsto f(A) \tag{3-30}$$

$F(Y)$ 到 $F(X)$ 的映射，即

$$f^{-1}:F(Y)\to F(X); B\mapsto f^{-1}(B) \tag{3-31}$$

$f(A)$ 和 $f^{-1}(B)$ 的隶属函数分别定义为

$$\mu_{f(A)}(y)=\begin{cases} \vee_{x\in f^{-1}(y)}\mu_A(x), & f^{-1}(y)\neq\varnothing \\ 0, & f^{-1}(y)\neq\varnothing \end{cases} \tag{3-32}$$

$$\mu_{f^{-1}(B)}(x)=\mu_B(f(x)) \quad (x\in X) \tag{3-33}$$

例 3-1 设 $X=\{x_1, x_2, x_3, x_4, x_5, x_6\}$，$Y=\{y_1, y_2, y_3, y_4\}$，映射 $f:X\to Y$，$x\mapsto f(x)$ 定义为

$$f(x)=\begin{cases} y_1, & x=x_1, x_2, x_3 \\ y_2, & x=x_4, x_5 \\ y_3, & x=x_6 \end{cases}$$

有

$$A=\frac{1}{x_1}+\frac{0.2}{x_3}+\frac{0.1}{x_5}+\frac{0.9}{x_6}$$

$$B=\frac{0.2}{y_1}+\frac{0.6}{y_2}+\frac{1}{y_3}+\frac{0.7}{y_4}$$

按照扩展原理求 $f(A)$ 和 $f^{-1}(B)$。

解：

$$\mu_{f(A)}(y_1)=\vee_{x\in f^{-1}(y_1)}\mu_A(x)=\mu_A(x_1)\vee\mu_A(x_2)\vee\mu_A(x_3)=1\vee 0\vee 0.2=1$$

同理有 $\mu_{f(A)}(y_2)=0.1$，$\mu_{f(A)}(y_3)=0.9$。

因为

$$f^{-1}(y_4)=\varnothing$$

所以

$$\mu_{f(A)}(y_4)=0$$

于是

$$f(A)=\frac{1}{y_1}+\frac{0.1}{y_2}+\frac{0.9}{y_3}+\frac{0}{y_4}$$

$$\mu_{f^{-1}(B)}(x_1)=\mu_B(f(x_1))=\mu_B(y_1)=0.2$$
$$\mu_{f^{-1}(B)}(x_2)=\mu_B(f(x_2))=\mu_B(y_1)=0.2$$
$$\mu_{f^{-1}(B)}(x_3)=\mu_B(f(x_3))=\mu_B(y_1)=0.2$$
$$\mu_{f^{-1}(B)}(x_4)=\mu_B(f(x_4))=\mu_B(y_2)=0.6$$
$$\mu_{f^{-1}(B)}(x_5)=\mu_B(f(x_5))=\mu_B(y_2)=0.6$$
$$\mu_{f^{-1}(B)}(x_6)=\mu_B(f(x_6))=\mu_B(y_3)=1$$

故

$$f^{-1}(B)=\frac{0.2}{x_1}+\frac{0.2}{x_2}+\frac{0.2}{x_3}+\frac{0.6}{x_4}+\frac{0.6}{x_5}+\frac{1}{x_6}$$

由此可知，A 经过扩张映射 f 映射为 $f(A)$ 时，其隶属函数可无保留地传递过去。若是单射，元素 $x\in X$ 的隶属度 $\mu_A(x)$ 等值地传递给其像，即 $\mu_{f(A)}(y)=\mu_A(x)$；若不是单射，此时一个像有多个原像，像的隶属度取原像的最大值。而对于扩张映射 f^{-1}，原像的隶属度取其像的隶属度。在非单射情形下，每个原像的隶属度均取其同一像的隶属度，因而它们相同。

经典扩张原理定义的映射 f 和 f^{-1} 所具有的性质，在模糊情形下也成立。

性质 3.6 设 f：$X\to Y$，$x\mapsto f(x)$，并有 $\{A_t|t\in T\}\in F(X)$，$\{B_t|t\in T\}\in F(Y)$，$A\in F(X)$，$B\in F(Y)$，则 f 有下列性质。

1）$f(\cup_{t\in T}A_t)=\cup_{t\in T}f(A_t)$。

2）$f(\cap_{t\in T}A_t)\subseteq\cap_{t\in T}f(A_t)$。

3）$f^{-1}(\cup_{i\in T}B_i)=\cup_{i\in T}f^{-1}(B_i)$。

4）$f^{-1}(\cap_{i\in T}B_i)=\cap_{i\in T}f^{-1}(B_i)$。

5）$f^{-1}(f(A))\supseteq A$，f 为单射时等号成立。

6）$f(f^{-1}(B))\subseteq B$，f 为满射时等号成立。

7）$f^{-1}(\overline{B})=\overline{f^{-1}(B)}$。

3.2.2 隶属函数

隶属函数是对模糊性的数学描述，它本质上是客观的。但在建立隶属函数时，由于人们认识的局限性，即使是同一模糊集，不同的人也有可能建立不同的隶属函数，它们是客观世界的一个近似。

建立隶属函数的方法也是人们在实践中不断摸索总结出来的，不同的情形可以采用不同的方法。具体问题有其特殊性，要深入实际，摸索总结，没有一个固定的模式或规范的步骤，需要在实际应用中不断完善，乃至提出其他新的方法。下面介绍几种确定隶属函数的常用方法。

1. 模糊统计法

用模糊统计方法确定模糊集合的隶属函数类似于随机事件的概率统计方法。要确定论域 U 上的模糊集合 A 的隶属函数 $\mu_A(u)$，在 U 中选择一个元素 $u_0 \in U$，再考虑 U 上的一个集合 A^*，每次模糊统计实验均要判定 $u_0 \in A^*$ 或者 $u_0 \notin A^*$。此外，A^* 在每次实验中是变化的，即有时 $u_0 \in A^*$，有时 $u_0 \notin A^*$，因此 A^* 是动态的、边界可变的经典集合。如果进行了 n 次模糊统计实验，则

$$u_0 \text{ 对 } A \text{ 的隶属频率 } t = \frac{u_0 \in A^* \text{ 的次数 } m}{n} = \frac{1}{n}\sum_{j=1}^{n}\mu_{A^*}^{j}(u_0) \tag{3-34}$$

式中，$\mu_{A^*}^{j}(u_0)$ 表示第 j 次判定集合 A^* 的特征函数对 u_0 的取值。

随着 n 的增大，隶属频率也趋于稳定，频率稳定时对应的值取 u_0 对 A 的隶属函数。对 $\forall u \in U$ 都得到隶属度，就得到了 A 的隶属函数。

2. 二元对比法

同时比较论域中的所有元素并由此确定各个元素的隶属度往往是很困难的，但当取 U 中的两个元素进行对比时，情况较为简单，更易得出哪一个属于模糊集合的程度大，以两两比较的结果为基础确定隶属函数的方法称为二元对比法。

设论域 $U = \langle u_1, u_2, \cdots, u_n \rangle$，$A \in F(U)$。对 $\forall u_i$，$u_i \in F(U)$，用 r_{ij} 表示 u_i 关于 A 比 u 优先的程度，并做如下限定：

1）$0 \leqslant r_{ij} \leqslant 1$，$i, j = 1, 2, \cdots, n$。

2）$r_{ii} = 1$，$i = 1, 2, \cdots, n$。

3）$r_{ij} + r_{ji} = 1$，$i, j = 1, 2, \cdots, n$。

将 r_{ij} 作为方阵元素，随后按如下处理：

1）取小法。方阵的第 i 行（$i = 1, 2, \cdots, n$）反映出 u_i 与其他各元素相比的优先程度，取其最小者作为 u_i 对 A 的隶属度，即

$$\mu_A(u_i) = \bigwedge_{j=1}^{n} r_{ij}, i = 1, 2, \cdots, n \tag{3-35}$$

最后有

$$A = \{\mu_A(u_1), \mu_A(u_2), \cdots, \mu_A(u_n)\} \tag{3-36}$$

2）平均法（加权平均法）。将方阵中每一行求平均值或者加权平均值，以此作为各元素的隶属度，即

$$\mu_A(u_i) = \frac{1}{n}\sum_{j=1}^{n} r_{ij} \text{ 或 } \mu_A(u_i) = \frac{1}{n}\sum_{j=1}^{n}\delta_j r_{ij}, i = 1, 2, \cdots, n \tag{3-37}$$

式中，权值归一化有

$$\sum_{j=1}^{n}\delta_j = 1 \tag{3-38}$$

3. 模糊分布

当模糊集的论域为实数域 $\mathbf{R}$ 时，其隶属函数称为模糊分布，即当 $A \in F(\mathbf{R})$ 时，$\mu_A(x)$ 为 $\mathbf{R}$ 上的模糊分布，$x \in \mathbf{R}$。模糊分布可分为三类，即偏小型（戒上型）、中间型（对称型）和偏大型（戒下型）。偏小型模糊分布随 $x(x \in \mathbf{R})$ 增大而减小，偏大型模糊分布随 x 增大而增大。中间型在 $\mathbf{R}$ 的某一点或某一段取最大值，而其两侧则对称地减小。

（1）偏小型

1）降半矩形如图 3-4a 所示，有

$$\mu_A(x) = \begin{cases} 1, x \leq a \\ 0, x > a \end{cases} \tag{3-39}$$

2）降半正态形如图 3-4b 所示，有

$$\mu_A(x) = \begin{cases} 1, & x \leq a \\ e^{-k(x-a)^2}, & x > a \end{cases} \tag{3-40}$$

3）降半 Γ 形如图 3-4c 所示，有

$$\mu_A(x) = \begin{cases} 1, & x \leq a \\ \dfrac{1}{1+\alpha(x-a)^{\beta}}, & x > a \end{cases} \tag{3-41}$$

式中，$\alpha > 0$，$\beta > 0$。

4）降半梯形如图 3-4d 所示，有

$$\mu_A(x) = \begin{cases} 1, & x \leq a_1 \\ \dfrac{a_2-x}{a_2-a_1}, & a_1 < x \leq a_2 \\ 0, & x > a_2 \end{cases} \tag{3-42}$$

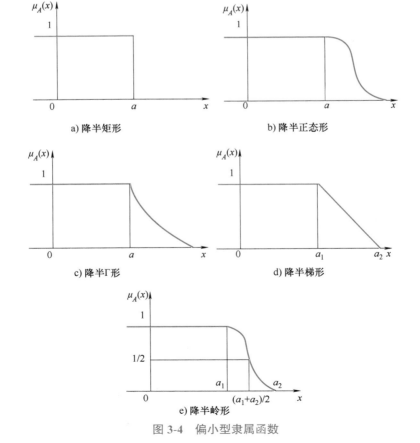

图 3-4 偏小型隶属函数

5）降半岭形如图 3-4e 所示，有

$$\mu_A(x)=\begin{cases}1, & x\leqslant a_1\\\dfrac{1}{2}-\dfrac{1}{2}\sin\dfrac{\pi}{a_2-a_1}\left(x-\dfrac{a_2+a_1}{2}\right), & a_1<x\leqslant a_2\\0, & x>a_2\end{cases} \tag{3-43}$$

式中，$a_2>a_1$。

（2）中间型

1）矩形如图 3-5a 所示，有

$$\mu_A(x)=\begin{cases}0, & x\leqslant a-b\\1, & a-b<x\leqslant a+b\\0, & x>a+b\end{cases} \tag{3-44}$$

2）三角形如图 3-5b 所示，有

$$\mu_A(x)=\begin{cases}0, & x\leqslant a-b\\\dfrac{1}{b}(x-a+b), & a-b<x\leqslant a\\\dfrac{1}{b}(a+b-x), & a<x\leqslant a+b\\0, & x>a+b\end{cases} \tag{3-45}$$

3）正态形如图 3-5c 所示，有

$$\mu_A(x)=\mathrm{e}^{-k(x-a)^2}, k>0 \tag{3-46}$$

4）Γ 形如图 3-5d 所示，有

$$\mu_A(x)=\dfrac{1}{1+\alpha(x-a)^{\beta}}, a>0, \beta\ 为正偶数 \tag{3-47}$$

5）梯形如图 3-5e 所示，有

$$\mu_A(x)=\begin{cases}0, & x\leqslant a-a_2\\\dfrac{(a_2+x-a)}{(a_2-a_1)}, & a-a_2<x\leqslant a-a_1\\1, & a-a_1<x\leqslant a+a_1\\\dfrac{(a_2-x+a)}{(a_2-a_1)}, & a+a_1<x\leqslant a+a_2\\0, & x>a+a_2\end{cases} \tag{3-48}$$

式中，$a_2>a_1>0$。

6）岭形如图 3-5f 所示，有

$$\mu_A(x)=\begin{cases}0, & x\leqslant -a_2\\\dfrac{1}{2}+\dfrac{1}{2}\sin\dfrac{\pi}{a_2-a_1}\left(x+\dfrac{a_2+a_1}{2}\right), & -a_2<x\leqslant -a_1\\1, & -a_1<x\leqslant a_1\\\dfrac{1}{2}-\dfrac{1}{2}\sin\dfrac{\pi}{a_2-a_1}\left(x-\dfrac{a_2+a_1}{2}\right), & a_1<x\leqslant a_2\\0, & x>a_2\end{cases} \tag{3-49}$$

式中，$a_2>a_1>0$。

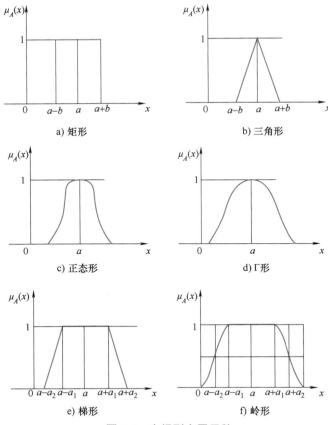

图 3-5　中间型隶属函数

（3）偏大型

1）升半矩形如图 3-6a 所示，有

$$\mu_A(x)=\begin{cases}0, x\leqslant a\\1, x>a\end{cases}\tag{3-50}$$

2）升半正态形如图 3-6b 所示，有

$$\mu_A(x)=\begin{cases}0, & x\leqslant a\\1-e^{-k(x-a)^2}, & x>a\end{cases}\tag{3-51}$$

3）升半 Γ 形如图 3-6c 所示，有

$$\mu_A(x)=\begin{cases}0, & x\leqslant a\\1-\dfrac{1}{1+\alpha(x-a)^\beta}, & x>a\end{cases}\tag{3-52}$$

4）升半梯形如图 3-6d 所示，有

$$\mu_A(x)=\begin{cases}0, & x\leqslant a_1\\\dfrac{x-a_1}{a_2-a_1}, & a_1<x\leqslant a_2\\1, & x>a_2\end{cases}\tag{3-53}$$

式中，$a_2>a_1>0$。

5）升半岭形如图 3-6e 所示，有

$$\mu_A(x)=\begin{cases}0, & x\leq a_1\\ \dfrac{1}{2}+\dfrac{1}{2}\sin\dfrac{\pi}{a_2-a_1}\left(x-\dfrac{a_2+a_1}{2}\right), & a_1<x\leq a_2\\ 1, & x>a_2\end{cases} \tag{3-54}$$

式中，$a_2>a_1$。

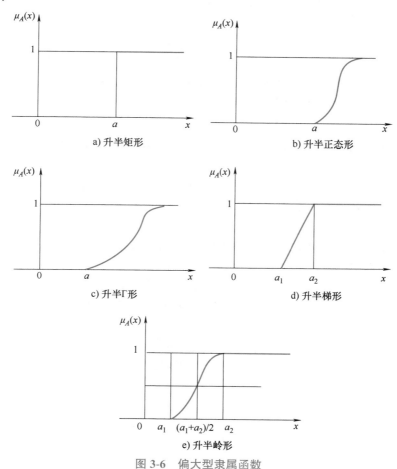

图 3-6 偏大型隶属函数

3.2.3 模糊关系与模糊矩阵

1. 普通关系

定义 3.15（直积） 设 $X_1,X_2,\cdots,X_n$ 是 n 个经典集合，则 $X_1,X_2,\cdots,X_n$ 直积为

$$X_1\times X_2\times\cdots\times X_n=\{(x_1,x_2,\cdots,x_n)\mid x_i\in X_i;\ i=1,2,\cdots,n\} \tag{3-55}$$

若 $\mathbf{R}$ 为实数集，则 $\mathbf{R}\times\mathbf{R}\times\mathbf{R}=\{(x,y,z)\mid x,y,z\in\mathbf{R}\}$ 为三维欧式空间。

定义 3.16（关系） 设两个经典集合 X 和 Y，直积 $X\times Y$ 的一个子集 R 称为 X 到 Y 的二元关系，简称关系。$X\times X$ 的一个子集 R 称为 X 上的关系，因此有

$$R\subseteq X\times Y,R\subseteq X\times X \tag{3-56}$$

把 X 到 Y 的关系 R 记作 $X\xrightarrow{R}Y$，$\forall x\in X$ 和 $\forall y\in Y$ 之间有这种关系记作 xRy，用 $(x,y)\in R$ 表示，或没有这种关系记作 $x\overline{R}y$，用 $(x,y)\notin R$ 表示，两者必居其一。关系 R 的特征函数为

$$x_R(x,y)=R(x,y)=\begin{cases}1,xRy\\0,\overline{xRy}\end{cases} \tag{3-57}$$

定义 3.17（逆关系）　设 R 是 X 到 Y 的关系，令

$$R^{-1}=\{(y,x)\in Y\times X\,|\,(x,y)\in R\} \tag{3-58}$$

则 R^{-1} 是 Y 到 X 的关系，R^{-1} 称为 R 的逆关系。

关系 R 与逆关系 R^{-1}，用特征函数表示有

$$X_{R^{-1}}(y,x)=X_R(x,y) \tag{3-59}$$

例 3-2　令 $A=\{3,5\}$，$B=\{1,2,3\}$，则 $A\times B$ 上的"大于"关系 R 为

$$R=\{(3,1),(3,2),(5,1),(5,2),(5,3)\}$$

而 R 的逆关系，即 $A\times B$ 上的"小于"关系为

$$R^{-1}=\{(1,3),(1,5),(2,3),(2,5),(3,5)\}$$

定义 3.18（合成运算）　给定集合 X, Y, Z, 设 R, Q 和 S 分别是 $X\times Y$, $Y\times Z$ 和 $X\times Z$ 上的经典关系，若

$$(x,z)\in S\Leftrightarrow \exists y\in U,\text{使}(x,y)\in R\text{ 且}(y,z)\in Q \tag{3-60}$$

则关系 S 称为关系 R 与 Q 的合成，记为

$$S=R\circ Q \tag{3-61}$$

式中，$R\circ Q=\{(x,z)\,|\,\exists y\in Y\text{使}(x,y)\in R\text{ 且}(y,z)\in Q\}$。

用特征函数表示则为

$$X_{R\circ Q}(x,z)=\bigvee_{y\in Y}(X_R(x,y)\wedge X_R(y,z)) \tag{3-62}$$

在有限集的情况下，经典关系 R 可以直观地用布尔矩阵表示。布尔矩阵即元素均为 1 或 0 的矩阵。

设集合 $X=\{x_1,x_2,\cdots,x_m\}$，$Y=\{y_1,y_2,\cdots,y_n\}$。R 是 $X\times Y$ 上的关系，则 R 可以由一个矩阵（r_{ij}）表示，它是一个 $m\times n$ 矩阵，r_{ij} 由下式确定，即

$$\forall(x_i,y_i)\in X\times Y \tag{3-63}$$

令

$$r_{ij}=X_R(x_i,y_i)=\begin{cases}1,\ (x_i,y_i)\in R\\0,\ (x_i,y_i)\notin R\end{cases} \tag{3-64}$$

2. 模糊关系

定义 3.19（模糊关系）　直积空间 $X\times Y=\{(x,y)\,|x\in X,\ y\in Y\}$ 上的模糊关系 R 是 $X\times Y$ 的一个模糊子集。R 的隶属函数 $\mu_R(x,y)$ 表示了 X 中的元素 x 与 Y 中的元素 y 具有这种关系的程度。X 到 X 的模糊关系称为 X 上的模糊关系。

模糊关系和模糊集合一样，完全由其隶属函数 $\mu_R(x,y)$ 来刻画。当 $\mu_R(x,y)$ 仅取 1 或 0 两个极端值时，R 退化为经典集合，模糊关系退化为经典关系。

例 3-3　设实数集 $\mathbf{R}$ 到 $\mathbf{R}$ 的模糊关系"x 远大于 y"：$\forall(x,y)\in\mathbf{R}\times\mathbf{R}$，有

$$\mu_{\text{远大于}}(x,y)=\begin{cases}0,\qquad\qquad x\leqslant y\\\left[1+\dfrac{100y}{(x-y)^2}\right]^{-1},x>y\end{cases}$$

可以求出，$\mu_{\text{远大于}}(1000,100)=0.99$，说明 1000 远大于 100 的程度是 0.99。

对论域 U 和 V，模糊关系 R，$S\in F(U\times V)$，有交、并、补等运算如下。

1）并关系：$R \cup S \Leftrightarrow \mu_{R \cup S}(u,v) = \mu_R(u,v) \vee \mu_S(u,v)$。

2）交关系：$R \cap S \Leftrightarrow \mu_{R \cap S}(u,v) = \mu_R(u,v) \wedge \mu_S(u,v)$。

3）相等：$R = S \Leftrightarrow \mu_R(u,v) = \mu_S(u,v)$。

4）包含：$R \subseteq S \Leftrightarrow \mu_R(u,v) \leqslant \mu_S(u,v)$。

5）补（余）：$\overline{R} \Leftrightarrow \mu_{\overline{R}}(u,v) = 1 - \mu_R(u,v)$。

对模糊关系 $R, S, T \in F(U \times V)$，有如下性质。

1）交换律：$R \cup S = S \cup R, R \cap S = S \cap R$。

2）结合律：$(R \cup S) \cup T = R \cup (S \cup T), (R \cap S) \cap T = R \cap (S \cap T)$。

3）分配律：$R \cup (S \cap T) = (R \cup S) \cap (R \cup T), R \cap (S \cup T) = (R \cap S) \cup (R \cap T)$。

4）幂等律：$R \cup R = R \cap R = R$。

5）吸收律：$(R \cap S) \cup R = R, (R \cup S) \cap R = R$。

6）复原律：$\overline{\overline{R}} = R$。

7）对偶律：$\overline{R \cup S} = \overline{R} \cap \overline{S}, \overline{R \cap S} = \overline{R} \cup \overline{S}$。

8）补余律不成立：$R \cup \overline{R} \neq E, R \cap \overline{R} \neq 0$。

3. 模糊矩阵

设存在有限集 $A = \{a_1, a_2, \cdots, a_m\}$ 和 $B = \{b_1, b_2, \cdots, b_n\}$，则 $A \times B$ 中的模糊关系 R 可以表示成 $m \times n$ 阶矩阵：

$$\begin{pmatrix} R(a_1, b_1) & \cdots & R(a_1, b_n) \\ \vdots & & \vdots \\ R(a_m, b_1) & \cdots & R(a_m, b_n) \end{pmatrix} \tag{3-65}$$

该矩阵称为模糊矩阵，在本质上它与模糊关系 R 是一致的，因此可用 R 表示。用 $r_{ij} = R(a_i, b_j)$ 表示模糊矩阵中的元素，则模糊矩阵表示为 $\boldsymbol{R} = (r_{ij})_{m \times n}$，且 $r_{ij} = \mu_R(a_i, b_j) = \mu_A(a_i) \wedge \mu_B(b_j)$，$r_{ij} \in [0, 1]$。

由于模糊矩阵便于分析和计算，因此，通常用模糊矩阵来处理模糊关系。模糊矩阵是有限论域上的模糊子集，其本质是一个模糊集合。存在如下基本运算。

1）相等：对于 $\forall i, j$，若存在 $r_{ij} = l_{ij}$，则称 $\boldsymbol{R}$ 和 $\boldsymbol{L}$ 相等，记为 $\boldsymbol{R} = \boldsymbol{L}$。

2）包含：对于 $\forall i, j$，若存在 $r_{ij} \leqslant l_{ij}$，则称 $\boldsymbol{L}$ 包含 $\boldsymbol{R}$，记为 $\boldsymbol{R} \subseteq \boldsymbol{L}$。

3）交：对于 $\forall i, j$，若存在 $r_{ij} \wedge l_{ij}$，则称 $\boldsymbol{R}$ 和 $\boldsymbol{L}$ 的交，记为 $\boldsymbol{R} \cap \boldsymbol{L}$。

4）并：对于 $\forall i, j$，若存在 $r_{ij} \vee l_{ij}$，则称 $\boldsymbol{R}$ 和 $\boldsymbol{L}$ 的并，记为 $\boldsymbol{R} \cup \boldsymbol{L}$。

5）余：对于 $\forall i, j$，若存在 $(1 - r_{ij})$，则称 $\boldsymbol{R}$ 的余运算，记为 $\boldsymbol{R}^c$。

3.2.4 模糊逻辑与模糊关系

客观世界中的陈述语句不可能全部用"真""假"来判定，更多的是描述其真假的程度，这样数理逻辑和人们的模糊语言形式之间就存在不能准确表达的矛盾。因此，模糊逻辑就应运而生，模糊逻辑是模糊推理的基础。

1. 模糊逻辑

研究模糊命题的逻辑称为模糊逻辑。所谓的模糊命题是指含有模糊概念或模糊性陈述句的命题，如"开水很烫""身高很高"等。模糊命题的真值在 $[0, 1]$ 上连续取值，因此，模糊逻辑也称为连续逻辑或多值逻辑。

设 X、Y 为模糊变量，则有

1）逻辑和运算：$X \vee Y=\max(X, Y)$。

2）逻辑乘运算：$X \wedge Y=\max(X, Y)$。

3）逻辑非运算：$\overline{X}=1-X$。

4）限界差运算：$X \ominus Y=0 \vee (X-Y)$。

5）限界和运算：$X \oplus Y=1 \wedge (X+Y)$。

6）限界积运算：$X \otimes Y=0 \vee (X+Y-1)$。

2. 模糊关系合成

定义 3.20（模糊关系的合成） 设 $R \in F(U \times V)$，$Q \in F(V \times W)$，即 R，Q 分别是 $U \times V$，$V \times W$ 上的两个模糊关系，R 与 Q 的合成指从 U 到 W 上的模糊关系，记为 $R \circ Q$，其隶属函数为

$$\mu_{R \circ Q}(u, w) = \bigvee_{u \in V}(\mu_R(u, v) \wedge \mu_Q(v, w)) \tag{3-66}$$

若 $R \in F(U \times U)$，即 R 是 $U \times U$ 上的关系，则有模糊关系的幂，即

$$R^2=R \circ R; R^n=R^{n-1} \circ R \tag{3-67}$$

利用模糊关系的合成，可以推论事物之间的模糊相关性。当论域为有限域时，模糊关系的合成便可用相应的模糊矩阵合成表示，即存在 $R \in M_{n \times m}$，$Q \in M_{m \times l}$，$R=(r_{ij})_{n \times m}$，$Q=(q_{jk})_{m \times l}$，

$$S=R \circ Q \in M_{n \times l} \tag{3-68}$$

式（3-68）称为 R 与 Q 的合成。其中

$$S=(s_{ik})_{n \times l}; s_{ik}= \bigvee_{j=1}^{m}(r_{ij} \wedge q_{jk}) \tag{3-69}$$

例 3-4 设有一家庭的子女与父母的长相相似关系为模糊关系 R，即

R	父	母
子	0.8	0.1
女	0.2	0.6

有模糊关系矩阵

$$R=\begin{pmatrix} 0.8 & 0.1 \\ 0.2 & 0.6 \end{pmatrix}$$

父亲与其父′和母′，母亲与其父″和母″的长相相似模糊关系 S，即

S	父′	母′	父″	母″
父	0.7	0.2	0	0
母	0	0	0.4	0.8

有模糊关系矩阵

$$S=\begin{pmatrix} 0.7 & 0.2 & 0 & 0 \\ 0 & 0 & 0.4 & 0.8 \end{pmatrix}$$

则子女与爷爷奶奶的长相相似关系是模糊关系 R 与 S 的合成，即

$$R \circ S=\begin{pmatrix} 0.8 & 0.1 \\ 0.2 & 0.6 \end{pmatrix} \circ \begin{pmatrix} 0.7 & 0.2 & 0 & 0 \\ 0 & 0 & 0.4 & 0.8 \end{pmatrix}$$

$$=\begin{pmatrix} (0.8 \wedge 0.7) \vee (0.1 \wedge 0) & (0.8 \wedge 0.2) \vee (0.1 \wedge 0) \\ (0.2 \wedge 0.7) \vee (0.6 \wedge 0) & (0.2 \wedge 0.2) \vee (0.6 \wedge 0) \end{pmatrix}$$

$$(0.8 \wedge 0) \vee (0.1 \wedge 0.4) \quad (0.8 \wedge 0) \vee (0.1 \wedge 0.8)$$
$$(0.2 \wedge 0) \vee (0.6 \wedge 0.4) \quad (0.2 \wedge 0) \vee (0.6 \wedge 0.8)$$

$$= \begin{pmatrix} 0.7 & 0.2 & 0.1 & 0.1 \\ 0.2 & 0.2 & 0.4 & 0.6 \end{pmatrix}$$

则由此可知，儿子长相像其爷爷，而女儿的长相倒是像其外婆。关系为

$R \circ Q$	父′	母′	父″	母″
子	0.7	0.2	0.1	0.1
女	0.2	0.2	0.4	0.6

模糊关系合成具有如下性质。

1）结合律：$(R \circ Q) \circ S = R \circ (Q \circ S)$。

2）分配律：$(R \cup Q) \circ S = (R \circ S) \cup (Q \circ S)$，$S \circ (R \cup Q) = (S \circ R) \cup (S \circ Q)$；

$(R \cap Q) \circ S \subseteq (R \circ S) \cap (Q \circ S)$，$S \circ (R \cap Q) \subseteq (S \circ R) \cap (S \circ Q)$。

3）包含：$R \subseteq Q \Rightarrow S \circ R \subseteq S \circ Q$，$R \circ S \subseteq Q \circ S$，$R \subseteq Q$。

4）转置：$(R \circ Q)^{\mathrm{T}} = Q^{\mathrm{T}} \circ R^{\mathrm{T}}$，$(R^n)^{\mathrm{T}} = (R^{\mathrm{T}})^n$，$R^{m+n} = R^m \circ R^n$。

5）λ 截运算：$(R \circ Q)_\lambda = R_\lambda \circ Q_\lambda$。

3. 模糊逆关系

定义 3.21（模糊关系的逆关系）　设 $R \in F(U \times V)$，定义 $R^{-1} \in F(U \times V)$ 的隶属函数为

$$\mu_R^{-1}(v, u) = \mu_R(u, v), \forall (v, u) \in V \times U \tag{3-70}$$

V 到 U 的模糊关系 R^{-1} 称为 R 的逆关系。

定义 3.22（模糊关系的转置）　设 $R \in F(U \times V)$，称其转置关系为 $R^{\mathrm{T}} \in F(V \times U)$，即 $\mu_R(v, u) = \mu_R(u, v)$。在有限论域，$R \in M_{n \times m}$，$R = (r_{ij})_{n \times m}$，称

$$R^{\mathrm{T}} = (r_{ij}^{\mathrm{T}})_{n \times m} \tag{3-71}$$

称为 R 的模糊转置矩阵，当且仅当

$$r_{ij}^{\mathrm{T}} = r_{ij} \tag{3-72}$$

式中，$i = 1, 2, \cdots n$；$j = 1, 2, \cdots, m$。

4. 模糊 λ 截关系

定义 3.23（模糊 λ 截关系）　设 $R \in F(U \times V)$，对于任意 $\lambda \in [0, 1]$，普通关系 $R_\lambda = \{(u, v) \,|\, (u, v) \in U \times V, \mu_R(u, v) \geqslant \lambda\}$ 称为 R 的 λ 截关系。其特征函数为

$$X_{R_\lambda}(u, v) = \begin{cases} 1, (u, v) \in R_\lambda \\ 0, (u, v) \notin R_\lambda \end{cases} \tag{3-73}$$

普通关系 $R_\lambda = \{(u, v) \,|\, (u, v) \in U \times V, \mu_R(u, v) > \lambda\}$ 称为 R 的 λ 强截关系。

同理，有模糊矩阵的 λ 截矩阵：设 $R \in M_{n \times m}$，$R = (r_{ij})_{n \times m}$，对任意 $\lambda \in [0, 1]$，$R_\lambda = (r_{ij}^{(\lambda)})_{n \times m}$ 称为 R 的 λ 截矩阵，其中

$$r_{ij}^{(\lambda)} = \begin{cases} 1, r_i \geqslant \lambda \\ 0, r_{\bar{y}} < \lambda \end{cases} \tag{3-74}$$

$R_\lambda = (r_{ij}^{(\lambda*)})_{n \times m}$ 称为 R 的 λ 强截矩阵，其中

$$r_{ij}^{(\lambda)} = \begin{cases} 1, r_i > \lambda \\ 0, r_i \leqslant \lambda \end{cases} \tag{3-75}$$

λ截矩阵和强截矩阵的元素仅为 1 或 0，是普通矩阵。

例 3-5 设有模糊关系 R，即

$$R=\begin{pmatrix} 0.3 & 0.7 & 0.5 \\ 0.8 & 1 & 0 \\ 0 & 0.6 & 0.4 \end{pmatrix}$$

则有

$$R_{0.5}=\begin{pmatrix} 0 & 1 & 1 \\ 1 & 1 & 0 \\ 0 & 1 & 0 \end{pmatrix}$$

5. 模糊等价关系

定义 3.24（模糊等价关系）　设 $R\in F(U\times U)$，$\forall u,v,w\in U$，若满足

1）自反性：$\mu_R(u,u)=1$。

2）对称性：$\mu_R(u,v)=\mu_R(v,u)$。

3）传递性：$\mu_R(u,w)\geqslant\mu_R(u,v)\wedge\mu_R(v,w)$。

则 R 称为 U 上的一个模糊等价关系。

根据传递性定义，传递模糊关系的充要条件为

$$\mu_R(u,w)>\mu_R(u,v)\wedge\mu_R(v,w) \tag{3-76}$$

又由合成定义，此条件可写成

$$R\supseteq R\circ R=R^2 \tag{3-77}$$

等价关系通过 λ 截关系定义如下：

定义 3.25 设 $R\in F(U\times U)$，$\forall u,v,w\in U$，则 R 是 U 上的模糊传递关系的充要条件是 R_λ 为普通传递关系，即对 $\forall\lambda\in[0,1]$，有

$$\mu_R(u,v)\geqslant\lambda;\mu_R(v,w)\geqslant\lambda\Rightarrow\mu_R(u,w)\geqslant\lambda \tag{3-78}$$

R 是 U 上的模糊等价关系的充要条件为 $\forall\lambda\in[0,1]$，R_λ 是 U 上的普通等价关系。

定义 3.26（模糊等价矩阵）　对于有限论域的情形，U 上的模糊等价关系可表示为一个 $n\times n$ 模糊矩阵 $R=(r_{ij})_{n\times n}$，若满足

1）自反性：$r_{ii}=1$（主对角线元素全为 1）或 $R\supseteq1$。

2）对称性：$r_{ij}=r_{ji}$（对称矩阵）或 $R=R^{\mathrm{T}}$。

3）传递性：$r_{ij}\geqslant\bigvee_{k=1}^{n}(r_{ik}\wedge r_{kj})$ 或 $R\supseteq R\circ R$。

则 R 称为 U 上的一个模糊等价矩阵。

若模糊关系 R 仅具有自反性和对称性，则 R 称为模糊相似关系。其隶属度 $\mu_R(u,v)$ 体现了元素 u 和 v 关于 R 的相似程度。同理，在有限论域的情形，U 上的模糊相似矩阵 R 表现为一个主对角线元素为 1 的对称模糊矩阵。

科学家科学史
"两弹一星"功勋科
学家：王希季

## 第 4 章

神经网络基础

PPT 课件　　　课程视频

　　神经网络的发展历史可以追溯到 20 世纪 50 年代，但直到最近十几年，随着计算机性能的提升和大数据的普及，神经网络才得到了关注并取得了巨大的成功。神经网络在图像识别、自然语言处理、智能推荐等领域取得了显著的成就，被广泛应用于各行各业。然而，神经网络也面临着训练时间长、过拟合、解释性差等问题，需要不断改进和优化。

　　本章将系统介绍神经网络的基本理论、常见模型和应用案例，帮助读者深入了解神经网络的原理和方法，掌握神经网络在实际问题中的应用技巧，为读者进一步深入研究和应用神经网络打下坚实的基础。

4.1　神经网络的基本概况

　　神经网络是一种模仿人类大脑神经元网络结构和工作原理而设计的人工智能模型。它由多个神经元（节点）组成的层次结构构成，每个神经元接收来自上一层神经元的输入，并通过激活函数进行加权求和并输出结果。神经网络通过学习大量的数据样本来调整神经元之间的连接权重，从而实现对复杂模式和规律的学习和识别。

　　神经网络的基本结构包括输入层、隐藏层和输出层，其中隐藏层可以有多层，不同层之间的神经元通过权重连接并通过激活函数进行计算。通过反向传播算法，神经网络可以不断调整连接权重，以最大限度地减少预测输出与实际输出之间的误差。

4.1.1　基本组成

　　1）输入层（Input Layer）。输入层是神经网络的第一层，负责接收原始数据或特征向量。每个输入神经元对应输入数据的一个特征，输入层的神经元数量取决于输入数据的维度。

　　2）隐藏层（Hidden Layer）。隐藏层是神经网络中介于输入层和输出层之间的一层或多层。隐藏层通过一系列的权重和激活函数对输入数据进行非线性变换，提取数据中的高阶特征，从而实现对复杂模式的学习和表示。

　　3）输出层（Output Layer）。输出层是神经网络的最后一层，负责输出神经网络对输入数据的预测结果。输出层的神经元数量通常取决于问题的种类和输出的维度，可以是一个神经元（二分类问题）或多个神经元（多分类问题）。

4）权重和偏置（Weights and Biases）。神经网络中的连接权重和偏置是网络学习的关键参数，通过不断调整这些参数，神经网络可以逐渐优化模型，提高对数据的拟合能力。

5）激活函数（Activation Functions）。激活函数在神经网络中扮演着非常重要的角色，它引入了非线性因素，帮助神经网络学习复杂的模式和规律。常见的激活函数包括 ReLU、sigmoid、tanh 等。

4.1.2　发展历程

（1）起源：神经元模型的提出（1943 年）　1943 年，心理学家麦卡洛克和数学家皮茨提出了第一个神经元模型，描述了神经元之间的连接和激活方式，奠定了神经网络的基础。

（2）发展：感知机的诞生（1957 年）　1957 年，罗森布拉特提出了感知机模型，实现了简单的二分类任务，引发了神经网络领域的热潮，但受限于单层结构无法解决非线性问题。

（3）瓶颈：神经网络的低谷（1969—1980 年）　20 世纪 60 年代末至 20 世纪 80 年代初，神经网络陷入低谷，因感知机的局限性和训练算法的困难，人工智能研究重心转向符号推理。

（4）复兴：反向传播算法的提出（1986 年）　1986 年，鲁姆鲁哈特等人提出了反向传播算法，实现了多层神经网络的训练，重新点燃了神经网络的研究热情，开启了神经网络的复兴时代。

（5）爆发：深度学习的崛起（2010 年至今）　2010 年以后，随着大数据和计算能力的提升，深度学习成为神经网络的主流，卷积神经网络、循环神经网络等模型在图像识别、自然语言处理等领域取得了突破性进展。

（6）未来：神经网络的前景展望　神经网络在智能驾驶、医疗诊断、智能语音助手等领域有着广阔的应用前景，未来将继续发展并与其他技术相结合，推动人工智能的发展。

4.1.3　网络框架

神经网络的基本元素构成方式与训练网络的学习算法密切相关。通过构造出相应的学习算法，配合设计好的网络框架可达成所需的实现目标。关于学习算法的详细内容不在此处介绍，本小节的重点是介绍神经网络的网络框架。

一般地，我们将网络框架分为两类。

1. 前馈神经网络

前馈神经网络是一种较为简单的神经网络结构，也被称为多层感知机（Multilayer Perceptron，MLP）。作为神经网络的基础结构，它为解决各种复杂的模式识别和预测问题提供了重要的基础。它由一个输入层、一个或多个隐藏层和一个输出层组成，每一层都由多个神经元组成。在前馈神经网络中，信息从输入层经过隐藏层逐层传递，最终到达输出层，且各层之间没有反馈连接。

前馈神经网络分为单层前馈神经网络和多层前馈神经网络。其中，前者不包含隐藏层，后者通常具有一个或多个隐藏层，以此区分两者。多层前馈神经网络包含径向基神经网络、BP 神经网络、全连接神经网络和卷积神经网络等。

2. 反馈神经网络

反馈神经网络与前馈神经网络不同的是，反馈神经网络中存在反馈连接，神经元的输出可以反馈到自身或其他神经元，形成循环结构。在反馈神经网络中，信息可以在网络内部进行循环传播，神经元的输出可以作为自身或其他神经元的输入，这种反馈机制使得网络能够处理具有时间序列或动态特性的数据。

反馈神经网络常用于时序数据建模、控制系统、动态系统建模等领域。通过反馈连接，网络可以记忆先前的状态，捕捉数据的时间依赖性，实现对动态过程的建模和预测。

以下是一些常见的反馈神经网络：循环神经网络、递归神经网络、玻尔兹曼机和 Hopfield 神经网络。其中需要注意的是循环神经网络和递归神经网络。对于循环神经网络，它处理序列数据时具有记忆功能：在每个时间步都接收输入，并在每个时间步产生一个输出，同时保持一个隐状态，可以传递信息给下一个时间步，它的连接都是基于时间顺序的。对于递归神经网络，它更适合处理涉及树状或嵌套数据等分层结构，它的连接是基于层次结构的。对于循环神经网络，其典型的代表有 Elman 神经网络、长短时记忆网络和门控循环单元等。

4.2 前馈神经网络

前馈神经网络作为深度学习的基石，将信息的流动单向前传，从输入层一路到输出层，不经过任何回路。这种网络架构的设计模仿了人类大脑处理信息的方式，目的是在不同的层次上提取并学习数据的特征。在前馈神经网络的广阔领域中，发展出了多种结构，以适应不同的任务和挑战，包括但不限于单层感知器、径向基神经网络、BP 神经网络、全连接神经网络以及卷积神经网络，每种都有其独特的构造和优势。这些网络结构的多样性使得前馈神经网络能够在图像识别、语音处理、自然语言理解等多个领域发挥关键作用。下面详细介绍这些网络结构，并理解它们各自的特点和适用场景。

4.2.1 单层感知器

1. 单层感知器的基本介绍

单层感知器是一种简单的前馈神经网络，它由输入层直接连接到一个输出节点构成，利用数学方法模拟人体神经网络结构。感知器是一个具有一层神经元，采用阈值激活函数的前向网络，它可以接收多个输入信号，将它们加权求和并加上偏置值，然后通过一个激活函数将结果转化为元素为 0 或 1 的目标输出，从而实现对输入向量分类的目的。图 4-1 所示为单层感知器神经元模型。

2. 单层感知器的结构原理

单层感知器的结构相对简单，它包含一层输入节点和一个输出节点。输入节点的数量取决于数据特征的维度。每个输入

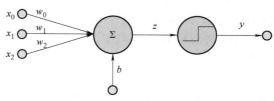

图 4-1 单层感知器神经元模型

节点都与输出节点通过权重相连，输出节点还包括一个偏置项。这个结构支持对输入数据进行线性加权和，进而实现二分类。单层感知器工作原理的核心在于通过迭代学习，不断调整连接权重和偏置项，以达到将输入数据分类的目的。具体步骤如下。

（1）初始化权重和偏置　在开始训练之前，首先需要初始化权重和偏置。这些是模型学习过程中需要调整的参数。

（2）输入处理　单层感知器的每个输入节点接收一个输入值，这些值通过与各自的权重相乘，然后全部相加，加上偏置项，形成一个单一的数值输出。

感知器神经元的数学模型如下：

$$z=\sum_{i=1}^{n} w_i x_i = \boldsymbol{W}^{\mathrm{T}}\boldsymbol{x} \tag{4-1}$$

$\boldsymbol{W}^{\mathrm{T}}\boldsymbol{x}$ 是公式的向量化表达，其中 $\boldsymbol{W}$ 是权重矩阵，该矩阵先被转置，再乘以输入向量 $\boldsymbol{x}$。然后我们引入一个常数 b，称为偏置项，则

$$z=\sum_{i=1}^{n} w_i x_i + b = \boldsymbol{W}^{\mathrm{T}}\boldsymbol{x} + b \tag{4-2}$$

（3）激活函数　这个累加的输出通过一个激活函数来转换。如果输出大于某个阈值，感知器输出 1（表示一类），否则输出 0（表示另一类）。

接下来，输入和权重 z 的线性组合，通过激活函数判断感知器是否会让信号通过。其中最常用的激活函数为阶跃函数，该阶跃函数的表达式如下：

$$f(x)=\begin{cases} 1, \boldsymbol{W}^{\mathrm{T}}\boldsymbol{x} + b > 0 \\ 0, \boldsymbol{W}^{\mathrm{T}}\boldsymbol{x} + b \leqslant 0 \end{cases} \tag{4-3}$$

当 $\boldsymbol{W}^{\mathrm{T}}\boldsymbol{x}+b>0$ 时，阶跃函数为 1；当 $\boldsymbol{W}^{\mathrm{T}}\boldsymbol{x}+b\leqslant 0$ 时，阶跃函数为 0。

（4）训练过程　训练单层感知器涉及调整权重和偏置，以便更准确地分类输入数据。这通常通过一种称为梯度下降的方法完成，可进一步降低预测错误。

结合前两步输入值的处理与激活函数的运用，单层感知器的输出 y 可以用以下公式计算：

$$y=f\left(\sum_{i=1}^{n} w_i x_i + b\right) \tag{4-4}$$

式中，x_i 是输入值；w_i 是对应的权重；b 是偏置项；f 是激活函数，通常是阶跃函数。

现在通过一个计算原理图来直观地展示这一过程。原理图将逐步阐释如何将输入特征转化为最终的输出，包括线性加权和以及激活函数的应用。这有助于我们更好地理解单层感知器如何处理数据并做出分类决策。图 4-2 所示为单层感知器的输出计算原理图。

其中梯度下降是一种优化算法，用于最小化损失函数 L，即模型预测 y 和真实标签 t 之间的差距。对于单层感知器，损失函数通

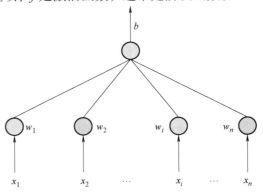

图 4-2　单层感知器的输出计算原理图

常是均方误差（MSE）：

$$L = \frac{1}{2}(t - y)^2 \tag{4-5}$$

现在目标是找到权重 w 和偏置 b，使得损失函数 L 最小化。

（5）权重更新　每次训练迭代中，感知器都会根据其预测结果和实际结果之间的差异来更新权重。这个过程一直重复，直到模型的性能达到满意的水平，或者达到预定的迭代次数。

对于权重的更新，通常使用这样的更新规则：

$$w_i = w_i + \Delta w_i \tag{4-6}$$

权重的变化值 Δw_i 通过以下公式计算：

$$\Delta w_i = \eta(t - y)x_i \tag{4-7}$$

式中，η 是学习率，这是一个小的正数，用于控制学习过程中的权重调整的幅度；t 是真实标签；y 是模型预测。

而偏置 b 的更新遵循相似的规则，即

$$\begin{aligned} b &= b + \Delta b \\ \Delta b &= \eta(t - y) \end{aligned} \tag{4-8}$$

（6）结果实现　完成迭代训练调整好合适权重和偏置后，将新的向量 x 输入到训练好的模型中，线性组合结果通过激活函数来决定类别。图 4-3 所示为单层感知器对二维样本的分类。

3. 单层感知器的案例分析

已知一组花瓣的数据，现在构建一个单层感知器模型，用于区分两种类型的花：Setosa（山鸢尾）和 Versicolor（变色鸢尾）。假设它只需要通过花瓣的两个特征进行分类：花瓣长度和花瓣宽度。

编程代码如下：

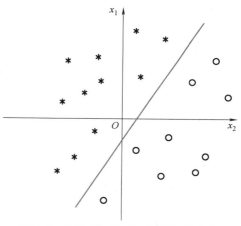

图 4-3 单层感知器对二维样本的分类

```
import numpy as np

def step_function(x):
    return np.where(x >= 0, 1, 0)

def train_perceptron(X, y, lr=0.1, epochs=10):
    n_samples, n_features = X.shape
    weights = np.zeros(n_features)
    bias = 0

    for _ in range(epochs):
```

代码

```
        for idx, x_i in enumerate(X):
            linear_output = np.dot(x_i, weights) + bias
            predicted = step_function(linear_output)
            update = lr * (y[idx] - predicted)
            weights += update * x_i
            bias += update

    return weights, bias

# 训练数据
X = np.array([[1.4, 0.2], [1.3, 0.2], [4.7, 1.4], [4.5, 1.5]])
y = np.array([0, 0, 1, 1])

# 训练模型
weights, bias = train_perceptron(X, y)

# 测试模型
for i, sample in enumerate(X):
    prediction = step_function(np.dot(sample, weights) + bias)
    print(f" 花瓣长度 : {sample[0]}, 花瓣宽度 : {sample[1]}, 实际类别 : {y[i]},
预测类别 : {prediction}")

# 新的数据预测
X_new = np.array([5.0, 1.7])
prediction = step_function(np.dot(X_new, weights) + bias)
print(f"\n新的花瓣长度 : {X_new[0]}, 花瓣宽度 : {X_new[1]}, 预测类别 : {'Versicolor'
if prediction == 1 else 'Setosa'}")
```

在这个代码中，首先定义了一个阶跃函数作为激活函数，激活函数用于将线性输出转换成二分类输出。然后开始训练单层感知器：首先初始化权重和偏置为零，再进行多轮迭代（epochs），在每轮中遍历训练数据集，对于每个样本，计算其与当前权重的点积加上偏置，得到线性输出，然后将线性输出通过阶跃函数，得到预测类别，最后根据预测结果和实际类别的差异，更新权重和偏置。得到训练好的模型后就对训练数据的每个样本使用训练后的权重和偏置进行分类预测，展示模型训练的效果，最后再对一个新的样本数据，同样计算其线性输出，通过激活函数，得到预测分类。这演示了如何使用训练好的单层感知器模型对新数据进行分类。

通过这个简单的实例分析和代码示例，可以了解如何使用单层感知器模型进行二分类问题的计算，并可以根据实际情况进行调整和扩展。

4.2.2 径向基神经网络

1. 径向基神经网络的基本介绍

径向基神经网络（Radial Basis Function Neural Network，RBFNN）是一种具有较强映射功能的三层前向网络，其结构包括输入层、隐藏层和输出层。最主要的特征是以径向基函数作为隐藏层激活函数，数据从输入层传入隐藏层后，通过径向基函数对其进行非线性映射，然后经过线性计算传递至输出层进行输出。径向基神经网络以其结构简单且非线性逼近能力强的优点，被广泛应用于模式分类、函数逼近和数据挖掘等众多研究领域。图 4-4 所示为径向基神经网络结构。

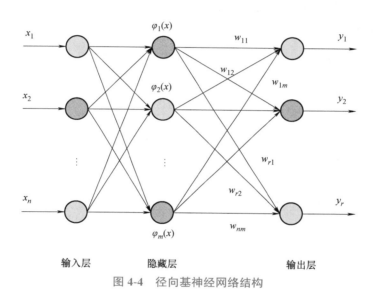

图 4-4 径向基神经网络结构

2. 径向基神经网络的原理以及运行流程

（1）径向基函数 径向基神经网络的隐藏层神经元使用的激活函数是径向基函数。径向基函数是一种常用于机器学习和模式识别的函数类型，用于在高维空间中对数据进行分类、回归和聚类等任务。其主要特点是能够处理非线性模式，具有较好的适应性和泛化性能。径向基函数具有独特的特性，它的响应程度依赖于输入与中心之间的距离。最常见的径向基函数是高斯函数，其表达形式如下：

$$\varphi(\boldsymbol{x}) = \mathrm{e}^{-\beta \|\boldsymbol{x}-c\|^2} \tag{4-9}$$

式中，$\boldsymbol{x}$ 是输入向量；c 是该神经元中心点；β 是径向基函数的宽度系数，决定了函数的扩展速度；$\|\boldsymbol{x}-c\|^2$ 是输入向量与中心点之间的欧几里得距离的平方。

径向基函数具有如下特点。

1）局部性：径向基函数在中心点附近有较大的响应值，而在距离中心点较远处的响应值较小，因此具有局部性。

2）非线性：由于采用了非线性的高斯函数形式，因此径向基函数能够处理非线性模式，从而更加适用于实际问题。

3）适应性：径向基函数的参数可以通过训练过程中自适应地学习得到，因此能够适应不同的数据分布和模式。

4）泛化性：径向基函数可以有效地处理高维空间中的数据，具有较好的泛化性能。

激活函数的值随着输入向量离中心点越近而增大，而离中心点越远则减小，呈现出径向对称的特性，因此被称为径向基函数。在径向基神经网络中，每个隐藏层神经元基于其激活函数对输入数据进行响应，输出层则将这些响应加权求和，得到网络的最终输出。由此可以得到一个径向基神经网络的运行流程。

（2）径向基神经网络运行流程　径向基神经网络用一个简单的例子来表示，就是用多个径向基函数来凑出目标曲线，如图4-5所示，径向基神经网络以6个原始数据点为中心，生成了6条径向基曲线，而这6条径向基曲线叠加后就是一条能够光滑拟合原始数据点的曲线。具体步骤如下。

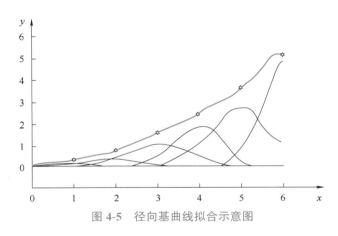

图 4-5　径向基曲线拟合示意图

1）初始化参数。径向基神经网络数学模型如下：

$$y = w_i \sum_i \mathrm{RBF}_i + b \tag{4-10}$$

式中，y 是神经网络的预测输出；w_i 是输出层权重，它与隐藏层的每个径向基函数输出 RBF_i 相乘；RBF_i 是第 i 个隐藏层神经元的径向基函数输出；b 是偏置项。

这里的径向基函数最常见的就是高斯函数，其表达式见式（4-9）。所以这个径向基神经网络模型中需要初始化的参数分别是

① 神经元中心点（c）：可以随机选择或使用聚类算法（如 K-means）从输入数据中找到。

② 宽度系数（β）：可以基于中心之间的最大距离确定或通过交叉验证选择。

③ 输出层权重（w）：通常初始化为较小的随机值。

④ 偏置项（b）：通常初始化为 0 或小的随机值。

2）向前传播。

① 从输入层到隐藏层：计算每个隐藏层神经元的激活值。对于输入向量 $\boldsymbol{x}$，每个隐藏神经元的输出 $\varphi(\boldsymbol{x})$ 是输入与该神经元中心点 c 的距离通过径向基函数转换的结果。

② 从隐藏层到输出层：计算输出层的预测值。这是隐藏层所有神经元输出的加权和，加上偏置项，即 $y = w_i \sum_i \mathrm{RBF}_i + b$。

3）学习训练。根据实际输出与预期输出之间的计算误差，通过学习训练来对径向基

神经网络数学模型中的参数进行优化，需要在迭代中重复进行向前传播和参数更新的步骤，直至达到终止条件，如误差阈值或最大迭代次数。

① 输出层权重 w 和偏置项 b 的参数更新：可以使用最小二乘法、梯度下降法或其他优化算法进行调整。

② 中心点 c 和宽度系数 β 的参数更新：可以通过 K-means 聚类算法等方法进行优化。

K-means 聚类算法调整径向基神经网络的中心点 c 和宽度系数 β 的过程可以简要概括为先确定聚类的数目 K 值，随机选择 K 个数据点作为初始聚类中心，再将其分配到最近的中心所对应的聚类，而这个距离 d 通常使用欧几里得距离来计算，计算公式如下：

$$d(x^i, c_j) = \sqrt{\sum_{k=1}^{n} (x_k^i - c_{jk})^2} \tag{4-11}$$

式中，x_k^i 是数据点 x^i 的第 k 个特征；c_{jk} 是中心点 c_j 的第 k 个特征；n 是特征的数量。

在所有数据点被分配到中心后，每个中心点 c 更新为属于该中心的所有数据点的均值，计算公式如下：

$$c_j = \frac{1}{|S_j|} \sum_{x^i \in S_j} x^i \tag{4-12}$$

式中，S_j 是分配给中心点 c_j 的所有数据点的集合；$|S_j|$ 是该集合中数据点的数量。

接下来重复以上两个步骤，直到中心点不再有显著变化或达到最大迭代次数为止。最后再确定宽度系数 β，这通常与中心点之间的距离有关，可以使用如下公式计算：

$$\beta_j = \frac{1}{2\sigma_j^2} \tag{4-13}$$

式中，σ_j 是中心 c_j 与其属于同一簇的所有数据点距离的标准差或平均值。

4）结果实现。完成迭代训练后，会使径向基神经网络数学模型的全部参数（输出层权重 w 和偏置项 b、径向基函数中的中心点 c 和宽度系数 β）都调整到最合适的数值，然后输入新的 x 向量得到该神经网络的最终输出。

3. 径向基神经网络的案例分析

现将从 -3 到 3 之间均匀分布的 100 个点的数组作为 X 输入，而需要拟合的目标曲线是由 X 的二次函数 $Y=X^2$ 产生，并添加了一些随机噪声，这些噪声模拟了实际数据的不确定性。接下来通过径向基神经网络来实现多个径向基函数叠加拟合目标曲线的目的。

编程代码如下：

代码

```
import numpy as np
from sklearn.cluster import KMeans
from scipy.spatial.distance import cdist
import matplotlib.pyplot as plt


# 假定的数据准备
np.random.seed(42) # 确保可重复性
X = np.linspace(-3, 3, 100).reshape(-1, 1)
Y = X**2 + np.random.randn(*X.shape) * 0.3 # 二次函数加上噪声
```

```
# 使用数据点的平方根作为聚类数量的起点
n_clusters = int(np.sqrt(X.shape[0]))

# K-means 聚类初始化中心
kmeans = KMeans(n_clusters=n_clusters, random_state=0).fit(X)
centers = kmeans.cluster_centers_

# 计算所有中心之间的平均距离，并据此确定宽度系数
distances = cdist(centers, centers)
avg_distance = np.mean(distances[np.triu_indices_from(distances, k=1)])
beta = 1 / (2 * avg_distance**2)

# 高斯径向基函数
def gaussian_rbf(x, centers, beta):
    return np.exp(-beta * cdist(x, centers)**2)

# 初始化权重和偏置
weights = np.random.randn(n_clusters)
bias = np.random.randn(1)

# 梯度下降参数
learning_rate = 0.01
epochs = 10000

# 训练 RBF 网络
for epoch in range(epochs):
    for i in range(X.shape[0]):
        # 前向传播
        phi = gaussian_rbf(np.array([X[i]]), centers, beta)
        y_pred = np.dot(weights, phi.T) + bias

        # 计算误差
        error = Y[i] - y_pred

        # 梯度下降更新权重和偏置
        weights += learning_rate * error * phi
        bias += learning_rate * error

# 测试网络
```

```
X_test = np.linspace(min(X) -1, max(X)+1, 300).reshape(-1, 1)
phi_test = gaussian_rbf(X_test, centers, beta)
Y_test = phi_test.dot(weights) + bias

# 可视化结果
plt.scatter(X, Y, color='blue', label='Data Points')
plt.plot(X_test, Y_test, color='green', lw=2, label='RBFNN Fit')
plt.legend()
plt.xlabel('X')
plt.ylabel('Y')
plt.title('RBFNN Regression Example')
plt.show()
```

在这个代码中，首先初始化好径向基神经网络数学模型的各个参数，使用多个径向基函数去拟合目标曲线，每个中心点附近的局部响应由一个径向基函数给出。然后通过 K-means 算法确定径向基函数中心点 c，然后确定宽度系数 β，最后使用梯度下降法来更新和调整输出层的权重 w 和偏置项 b，以最小化预测输出和实际数据之间的误差。最后在一个细分的测试集上运行训练好的 RBFNN 模型，验证它是否可以准确地预测或插值给定的数据点，这些测试数据可能包括但不限于训练数据集中的点。

这段代码的最终目的是通过 RBFNN 的训练过程学习一个从输入 X 到输出 Y 的映射，使得神经网络的输出能够形成一个光滑并且尽量贴近所有训练数据点的曲线。

4.2.3　BP神经网络

1. BP 神经网络的基本介绍

BP 神经网络，全称为反向传播神经网络（Back Propagation Neural Network），是一种按照误差反向传播算法训练的多层前馈神经网络。BP 神经网络的核心思想是通过前向传播将输入信息处理并传递至输出层，然后计算输出层的误差，接着将这个误差通过网络反向传播，以此为依据调整网络中的权重和偏置，使得网络输出的误差最小化。它是深度学习和神经网络研究领域中的基石之一，其通过学习输入与输出之间的复杂映射关系，能够进行有效的模式识别和预测任务。

BP 神经网络的结构也分为三个部分：输入层、隐藏层和输出层。而 BP 神经网络与前两个神经网络不同的是，它可以有多个隐藏层结构，BP 神经网络所提出的多层结构为之后的深度学习打好了基础。图 4-6 所示为 BP 神经网络的拓扑结构。

2. BP 神经网络的运行流程

BP 神经网络的运行过程主要分为两个阶段，第一阶段是信号的正向传播，从输入层经过隐藏层，最后到达输出层；第二阶段是误差的反向传播，从输出层到隐藏层，最后到输入层，依次调节隐藏层到输出层的权重和偏置以及输入层到隐藏层的权重和偏置。这种参数的优化方法，使得 BP 神经网络能够在众多领域中得到应用，如图像识别、语音处理、自然语言处理等。

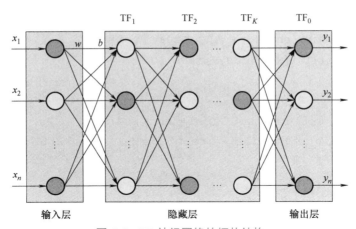

图 4-6　BP 神经网络的拓扑结构

　　而 BP 神经网络模型中需要优化的参数都在数学表达式中，BP 神经网络数学表达式的矩阵形式如下：

$$y = f(\boldsymbol{W}^{(\mathrm{o})} \tan \mathrm{sig}(\boldsymbol{W}^{(\mathrm{h})}\boldsymbol{x} + b^{(\mathrm{h})}) + b^{(\mathrm{o})}) \tag{4-14}$$

式中，y 是神经网络的预测输出；$\boldsymbol{x}$ 是神经网络的输入向量；$\boldsymbol{W}$ 是权重矩阵；b 是偏置项；上标（o）和（h）分别表示输出层和隐藏层。

　　BP 神经网络的数学表达式中隐藏层采用 tansig 函数，其函数表达式为

$$\tan \mathrm{sig}(x) = \frac{2}{1 + \mathrm{e}^{-2x}} - 1 \tag{4-15}$$

而输出层通常采用 sigmoid 函数，其函数表达式为

$$f(x) = \frac{1}{1 + \mathrm{e}^{x}} \tag{4-16}$$

　　通过 BP 神经网络的数学表达式我们可以得到一个简单的算法流程图，如图 4-7 所示。

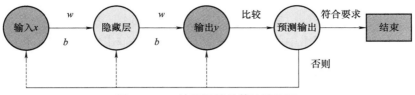

图 4-7　BP 神经网络的算法流程图

　　下面根据这个流程图介绍 BP 神经网络的运行流程。

　　（1）初始化参数　权重 w 和偏置项 b 通常都初始化为较小的随机数。

　　（2）前向传播　数据从输入层开始，经过隐藏层处理后传递到输出层。每个神经元接收到输入信号后，会计算加权和（包括偏置项），然后通过激活函数生成输出。激活函数的选择与该 BP 神经网络的目标功能有直接关系，如 sigmoid（用于二分类问题）、softmax（用于多分类问题）等。

　　（3）计算误差　计算预测输出和实际目标值之间的误差，需要定义一个损失函数来衡量预测输出与实际值之间的误差，误差 E 的计算依赖于损失函数的选择，常见的有均方误

差损失函数，其函数表达式如下：

$$E = \frac{1}{2} \sum_{k=1}^{2} (y_k - Y_k)^2 \tag{4-17}$$

式中，y_k 是第 k 个神经元的预测输出；Y_k 是第 k 个神经元的实际目标值。

输出层的误差和隐藏层的误差需要分别计算，利用均方误差损失函数，隐藏层和输出层的误差可以分别计算得到 δ^1 和 δ^2。

（4）反向传播更新参数 利用梯度下降法计算每层的误差梯度，并根据梯度和学习率来更新权重和偏置。

隐藏层到输出层的权重和偏置更新的函数表达式如下：

$$w^2 = w^2 - \eta A^1 \delta^2$$
$$b^2 = b^2 - \eta \delta^2 \tag{4-18}$$

式中，η 是学习率；A^1 是隐藏层的激活输出。

输入层到隐藏层的权重和偏置更新的函数表达式如下：

$$w^1 = w^1 - \eta \boldsymbol{X} \delta^1$$
$$b^1 = b^1 - \eta \delta^1 \tag{4-19}$$

式中，$\boldsymbol{X}$ 是输入向量。

通过这个流程，BP 神经网络通过反复迭代前向传播和反向传播过程，逐步调整权重和偏置，以最小化输出误差，从而使网络模型能够学习到从输入到输出之间的映射关系。

3. BP 神经网络的案例分析

现通过一个简单的案例分析来了解 BP 神经网络的具体运行过程，已知一组数据集，代表单个样本的三个特征，通过构建一个简单的三层 BP 神经网络模型来解决一个二分类问题，以实现对该单个样本的目标分类。

编程代码如下：

```python
import numpy as np

def sigmoid(x):
    return 1 / (1 + np.exp(-x))

def sigmoid_derivative(x):
    return x * (1 - x)

def mse_loss(y_true, y_pred):
    return np.mean((y_true - y_pred) ** 2)

def mse_loss_derivative(y_true, y_pred):
    return y_pred - y_true
```

代码

```python
np.random.seed(42)
X = np.array([[1, 0, 1]])
Y = np.array([[1]])
W1 = np.random.rand(3, 4)
W2 = np.random.rand(4, 2)
W3 = np.random.rand(2, 1)
b1 = np.random.rand(1, 4)
b2 = np.random.rand(1, 2)
b3 = np.random.rand(1, 1)

learning_rate = 0.1
epochs = 10000

for epoch in range(epochs):
    # Forward propagation
    Z1 = np.dot(X, W1) + b1
    A1 = sigmoid(Z1)
    Z2 = np.dot(A1, W2) + b2
    A2 = sigmoid(Z2)
    Z3 = np.dot(A2, W3) + b3
    A3 = sigmoid(Z3)

    # Loss computation
    loss = mse_loss(Y, A3)

    if epoch % 1000 == 0:
        print(f"Epoch {epoch}, Loss: {loss}")

    # Backward propagation
    delta3 = mse_loss_derivative(Y, A3) * sigmoid_derivative(A3)
    dW3 = np.dot(A2.T, delta3)
    db3 = np.sum(delta3, axis=0, keepdims=True)

    delta2 = np.dot(delta3, W3.T) * sigmoid_derivative(A2)
    dW2 = np.dot(A1.T, delta2)
    db2 = np.sum(delta2, axis=0, keepdims=True)

    delta1 = np.dot(delta2, W2.T) * sigmoid_derivative(A1)
    dW1 = np.dot(X.T, delta1)
```

```
    db1 = np.sum(delta1, axis=0, keepdims=True)

    # Update weights and biases
    W1 -= learning_rate * dW1
    W2 -= learning_rate * dW2
    W3 -= learning_rate * dW3
    b1 -= learning_rate * db1
    b2 -= learning_rate * db2
    b3 -= learning_rate * db3

print(f"Final Loss: {loss}")

# Prediction
Z1_pred = np.dot(X, W1) + b1
A1_pred = sigmoid(Z1_pred)
Z2_pred = np.dot(A1_pred, W2) + b2
A2_pred = sigmoid(Z2_pred)
Z3_pred = np.dot(A2_pred, W3) + b3
A3_pred = sigmoid(Z3_pred)
print(f"Predicted Output: {A3_pred}")
```

该代码中的 BP 神经网络结构包括一个输入层、两个隐藏层和一个输出层，使用 sigmoid 激活函数和均方误差作为损失函数。通过多次迭代（或称为 epochs），使用前向传播计算预测值，然后通过反向传播根据预测误差调整网络参数（即权重和偏置）。在这个过程中，损失函数（本例中为 MSE）的值逐渐减小，表示模型的预测能力在提高。训练完成后，利用训练好的模型对相同的输入 X 或新的输入进行预测，以验证模型学习到的映射关系的准确性。

这个案例是 BP 神经网络学习的一个基础示例，展示了如何使用 numpy 实现一个简单的 BP 神经网络，包括网络的初始化、训练过程以及使用训练好的模型进行预测。

4.2.4　全连接神经网络

1. 全连接神经网络的基本介绍

全连接神经网络（Fully Connected Neural Network，FCNN），也常被称为多层感知器（Multilayer Perceptron，MLP），是一种简单的神经网络。它由多个层次构成，每一层都是一组神经元，其中每个神经元都与前一层的所有神经元相连接。每个连接都有一个权重，这些权重在训练过程中进行调整，以便网络能够学习复杂的模式和关系。它的特点是结构简单、易于理解和实现、能够逼近任何连续函数、具有强大的表达能力。全连接神经网络在许多领域都有应用，包括简单的分类和回归问题、语音识别、图像识别的初级阶段等。

全连接神经网络结构示意图如图 4-8 所示。

2. 全连接神经网络的运行流程

全连接神经网络训练分为前向传播、后向传播两个过程。前向传播数据沿输入到输出后计算损失函数值；后向传播则是一个优化过程，利用梯度下降法减小前向传播产生的损失函数值，从而优化、更新参数。

现通过一个回归问题的例子来理解全连接神经网络的运行流程，这个回归问题的目的是通过给定的一组点来预测一个连续的函数。

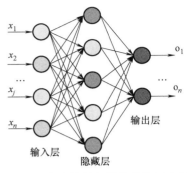

图 4-8　全连接神经网络结构示意图

（1）准备数据　已知一组数据点，这些点在某种规律下生成，全连接神经网络模型的目标是找到这种规律，将数据分为训练集和测试集。还需要对数据进行归一化或标准化，以提高模型训练的效率和稳定性。

（2）设计模型

1）定义模型结构：输入层的神经元数量应与问题的特征数量相匹配，对于拟合一条曲线的任务，通常只有一个特征值，所以输入层会有一个神经元。隐藏层的数量和每层的神经元数量对模型的复杂度有直接影响。更多的层或更多的神经元可以增加模型的拟合能力，但也会增加过拟合的风险。一个好的起点可能是使用 2~3 个隐藏层，每层有 10~100 个神经元，具体取决于数据的复杂度。输出层的神经元数量应与目标变量的维度相匹配。对于拟合曲线的任务，我们试图预测 Y 值，因此输出层将只有一个神经元。

2）选择激活函数：ReLU（Rectified Linear Unit）函数因其简单高效而广泛用于隐藏层。它有助于解决梯度消失问题，加快训练速度。其数学表达式如下：

$$\mathrm{ReLU}(x)=\max(0,x) \tag{4-20}$$

对于回归问题，通常输出层不使用激活函数，或者使用线性激活函数，这意味着网络的输出可以是任何实数值，适合预测连续值。

3）确定损失函数和优化器：均方误差是回归问题的常用损失函数，它计算了预测值和真实值之间差异的平方的平均值，非常适合评估拟合曲线的准确性。梯度下降（SGD）、Adam 或 RMSprop 等优化算法被用来最小化损失函数。

4）设定训练参数：批大小的设定决定了每次迭代更新模型参数时使用的样本数量；迭代次数（Epochs）的设定决定了训练数据将被遍历多少次；学习率的设定决定了每次更新权重时应用的步长大小。

（3）训练模型　得到输出层的输出后，使用均方误差损失函数计算预测输出和实际值之间的误差。然后，使用梯度下降的优化算法反向传播，根据计算出的梯度更新每一层的权重和偏置。重复这一步直到模型的性能达到满意的程度或其他停止条件被触发。

（4）评估模型　在训练完成后，使用之前分离的测试集评估模型性能。这可以通过计算测试集上的均方误差来完成，并且还要检查模型在训练集和测试集上的性能，确保模型没有过拟合。

（5）使用模型　训练模型和评估模型完成后，就可以用来预测新数据点的 Y 值。如果预测性能不符合预期，可能需要返回去调整模型结构或训练参数等。

3. 全连接神经网络的案例分析

现将从 –10~10 之间均匀分布的 1000 个点的数组作为 X 输入，而需要拟合的目标数据集是由 X 的正弦函数（np.sin（x））产生的，并添加了一些随机噪声，这些噪声模拟了实际数据的不确定性。可以通过构建一个全连接神经网络模型，尽可能准确地预测这些 Y 值，即学习 X 到 Y（正弦函数）的映射关系。

编程代码如下：

```
import numpy as np
import matplotlib.pyplot as plt
import tensorflow as tf


# 生成数据
x_train = np.linspace(-10, 10, 1000)
y_train = np.sin(x_train) + np.random.normal(0, 0.1, x_train.shape) # 添加噪声

x_test = np.linspace(-10, 10, 300)
y_test = np.sin(x_test)


# 可视化部分数据
plt.scatter(x_train[::50], y_train[::50], label='Training data')
plt.plot(x_test, y_test, label='True function', color='r')
plt.legend()
plt.show()
# 构建模型
model = tf.keras.Sequential([
    tf.keras.layers.Dense(64, activation='relu', input_shape=(1,)),
    tf.keras.layers.Dense(64, activation='relu'),
    tf.keras.layers.Dense(1)
])


# 编译模型
model.compile(optimizer='adam', loss='mean_squared_error')
# 训练模型
history = model.fit(x_train, y_train, epochs=100, batch_size=16, validation_data=(x_test, y_test), verbose=0)


# 可视化训练过程
plt.plot(history.history['loss'], label='Training loss')
plt.plot(history.history['val_loss'], label='Validation loss')
```

代码

```
plt.legend()
plt.show()
# 预测测试集
y_pred = model.predict(x_test)

# 可视化预测结果
plt.scatter(x_test, y_test, label='True function')
plt.scatter(x_test, y_pred, label='Model predictions', color='r')
plt.legend()
plt.show()
```

在这个代码中，首先定义了一个序列模型（tf.keras.Sequential），包括一个输入层、两个隐藏层和一个输出层。隐藏层使用 ReLU 激活函数，输出层不使用激活函数（默认线性激活），并且编译模型时指定优化器（Adam）和损失函数（均方误差），这两者用于训练过程中的参数更新和性能评估。然后再使用训练数据（x_train，y_train）训练模型，同时指定训练轮次（epochs）和批大小（batch_size）。最后使用测试数据（x_test）进行预测，并将预测结果与真实值（y_test）进行对比，以评估模型的预测性能。

通过这个案例，演示了如何使用全连接神经网络来拟合一个给定的函数。这个案例展示了从数据准备、模型构建和编译、训练和评估，到最后的结果可视化的完整流程。

4.2.5　卷积神经网络

1. 卷积神经网络的基本介绍

卷积神经网络（Convolutional Neural Network，CNN）是一种深度学习架构，它在图像处理、视频分析和自然语言处理等领域表现出色。CNN 通过模拟人类视觉系统的工作原理，尤其是我们识别物体时局部感知和整体理解相结合的机制，能够从图像中自动提取出有用的特征，用于进一步的分析和识别任务。

卷积神经网络的优势在于其所采用的局部连接和权值共享的方式，一方面减少了权值的数量使得网络易于优化，另一方面降低了模型的复杂度，也就是减小了过拟合的风险。该优势在网络的输入是图像时表现得更为明显，使得图像可以直接作为网络的输入，避免了传统识别算法中复杂的特征提取和数据重建的过程。

2. 卷积神经网络的模型结构

一个典型的 CNN 结构应该包含输入层、卷积层、激活层、池化层、全连接层和输出层。卷积层负责提取图像中的局部特征；激活层引入非线性，使网络能够捕捉更复杂的模式；池化层则用于降低特征的空间维度，减少计算量并提高特征的鲁棒性；全连接层则将这些特征映射到最终的任务（如分类）上。通过这一系列层的堆叠和训练，CNN 能够学习到从简单到复杂的特征表征，有效地处理各种视觉任务。

卷积神经网络的模型结构如图 4-9 所示。

在认识到各个功能层在整个卷积神经网络模型的位置后，下面对每个功能层的作用进行介绍。

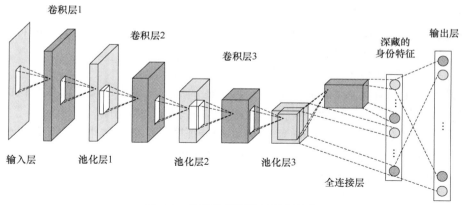

卷积层1
卷积层2
卷积层3
深藏的
身份特征
输出层
输入层
池化层1
池化层2
池化层3
全连接层

图 4-9　卷积神经网络的模型结构

（1）输入层　输入层比较简单，这一层的主要工作就是输入图像等信息，因为卷积神经网络主要处理的是图像相关的内容，输入层的作用就是将图像转换为其对应的由像素值构成的二维矩阵，并将此二维矩阵存储。

（2）卷积层　卷积层（Convolutional Layer）是卷积神经网络的核心，它负责提取输入数据（如图像）中的特征。下面是卷积层处理的详细步骤。

1）滤波器（卷积核）初始化：卷积层由多个滤波器组成，每个滤波器是一个小的感知窗口，其尺寸较小（如 3 像素 ×3 像素或 5 像素 ×5 像素），并且有一定深度，与输入数据的深度相匹配。滤波器的权重最初通常是随机初始化的。

2）滑动窗口：卷积操作本质上是一个滤波器在输入数据上滑动的过程。对于图像来说，滤波器从图像的左上角开始，按照设定的步长（Stride）在图像的宽度和高度上滑动。步长决定了滤波器移动的距离。

3）点积运算：当滤波器覆盖输入数据的一小块区域时，它会与该区域进行逐元素相乘的操作，即点积（Dot Product）。然后，将这些乘积求和得到一个单一的数值，这个数值构成了输出特征图（Feature Map）的一个元素。

4）添加偏置：通常在求和之后，还会添加一个偏置项（Bias），这个偏置项也是学习参数的一部分。

5）应用激活函数：计算得到的数值会通过一个非线性激活函数，如 ReLU，这样做可以增加网络的非线性，使网络能够学习和表征更加复杂的模式。

6）生成特征图：重复上述步骤，滤波器继续在整个输入数据上滑动，为每个位置生成输出，最终形成一个完整的二维特征图。如果有多个滤波器，每个滤波器都会生成一个特征图，所有这些特征图堆叠在一起构成了卷积层的最终输出。

7）权重共享：在卷积层中，一个滤波器的权重在整个输入数据上是共享的。这意味着，无论滤波器在输入数据的哪个位置，都使用相同的权重和偏置。这种权重共享机制使得卷积网络参数的数量大大减少，并提高了特征的平移不变性。

8）边缘填充：为了控制特征图的空间尺寸，有时需要在输入数据的边界添加额外的像素。这被称为边缘填充，它允许滤波器在输入数据的边缘进行卷积操作，可以用来保持特征图的尺寸或者只是轻微地减小尺寸。

（3）池化层　池化层（Pooling Layer），也常称为下采样（Subsampling），其主要目的是进行卷积操作后，再将得到的特征图进行特征提取，将其中最具有代表性的特征提取出来，可以起到减小过拟合和降低维度的作用。

想要提取到最具代表性的特征，通常有以下三种方法。

1）最大池化（Max Pooling）：在每个特征图的局部区域中取最大值作为该区域的代表，强化了特征的响应，并且对于特征的小变化具有较好的不变性。

2）平均池化（Average Pooling）：计算每个特征图的局部区域中所有值的平均值，可以平滑特征表示，但可能会模糊掉一些重要的特征边缘或纹理信息。

3）全局池化（Global Pooling）：对整个特征图进行池化，输出单一数值。常见于网络的最后，用以减少整个特征图到一个单一数值。

（4）全连接层　在一系列卷积层和池化层之后，CNN 会包括一个或多个全连接层。这些层的目的是将之前提取的特征图展平并转换为一维向量，然后用于分类或其他任务。

全连接层由多个神经元组成，每个神经元都与前一层的所有输出连接。每个连接都有一个权重，每个神经元还有一个偏置项。这些权重和偏置是全连接层在训练过程中学习的参数。每个神经元的输出通过一个激活函数，如 ReLU、sigmoid 或 softmax，以引入非线性，使得网络能够学习和模拟复杂的函数。

而全连接层中所运用到的参数的优化与全连接神经网络中所使用的优化方法基本一致。使用实际值和预测输出计算损失函数（如均方误差损失），然后通过反向传播算法调整网络参数（卷积核权重、偏置等），以最小化损失函数。这个过程在训练集上重复进行，直到模型性能达到满意的水平。

（5）输出层　输出层是神经网络结构中的最后一层，直接决定了网络的输出格式和用途，根据不同的应用场景，输出层的设计和激活函数的选择也会有所不同。

对于多分类问题，输出层通常使用 softmax 激活函数，它能将多个神经元的输出转换为概率分布。其表达式如下：

$$p_i = \frac{\mathrm{e}^{z_i}}{\sum_{j=1}^{n} \mathrm{e}^{z_i}} \tag{4-21}$$

式中，p_i 是输入 z_i 对应的输出概率。

对于二分类问题，输出层通常使用 sigmoid 激活函数，将输出值压缩到 0~1 之间，表示输入属于某个类别的概率。其表达式如下：

$$f(x) = \frac{1}{1 + \mathrm{e}^{-x}} \tag{4-22}$$

3. 卷积神经网络的案例分析

下面通过一个经典的图像识别案例来介绍如何使用卷积神经网络：识别手写数字。该案例使用的是著名的 MNIST 数据集，MNIST 数据集包含了 70000 张大小为 28 像素 × 28 像素的手写数字图像，分为 60000 张训练图像和 10000 张测试图像。将 28 像素 × 28 像素的手写数字图像作为输入，需要设计一个简单而典型的 CNN 架构，来实现识别手写数字的目标。

编程代码如下：

```python
import tensorflow as tf
from tensorflow.keras import datasets, layers, models
import matplotlib.pyplot as plt

# 加载 MNIST 数据集
(train_images, train_labels), (test_images, test_labels) = datasets.
mnist.load_data()

# 标准化图像数据
train_images = train_images.reshape((60000, 28, 28, 1)).astype('float32') / 255
test_images = test_images.reshape((10000, 28, 28, 1)).astype('float32') / 255

# 构建模型
model = models.Sequential()
# 卷积层 1
model.add(layers.Conv2D(32, (5, 5), activation='relu', input_shape=(28, 28, 1)))
# 池化层 1
model.add(layers.MaxPooling2D((2, 2)))
# 卷积层 2
model.add(layers.Conv2D(64, (5, 5), activation='relu'))
# 池化层 2
model.add(layers.MaxPooling2D((2, 2)))
# Flatten 层
model.add(layers.Flatten())
# 全连接层
model.add(layers.Dense(1024, activation='relu'))
# 输出层
model.add(layers.Dense(10, activation='softmax'))

# 编译模型
model.compile(optimizer='adam',
              loss='mean_squared_error',
              metrics=['accuracy'])

# 训练模型
history = model.fit(train_images, train_labels, epochs=10,
                    validation_data=(test_images, test_labels))

# 评估模型
```

```
test_loss, test_acc = model.evaluate(test_images, test_labels, verbose=2)
print('\nTest accuracy:', test_acc)

# 可视化训练过程中的准确率和损失
plt.figure(figsize=(8, 8))
plt.subplot(1, 2, 1)
plt.plot(history.history['accuracy'], label='Training Accuracy')
plt.plot(history.history['val_accuracy'], label='Validation Accuracy')
plt.legend(loc='lower right')
plt.title('Training and Validation Accuracy')

plt.subplot(1, 2, 2)
plt.plot(history.history['loss'], label='Training Loss')
plt.plot(history.history['val_loss'], label='Validation Loss')
plt.legend(loc='upper right')
plt.title('Training and Validation Loss')
plt.show()
```

在这个代码中，首先添加两组卷积层和最大池化层。卷积层用于提取图像中的特征，池化层用于减少特征的空间维度（宽度和高度），从而减少计算量和参数数量。又利用Flatten层将前面卷积层输出的多维特征图展平成一维向量，以便全连接层处理。然后，全连接层采用 ReLU 激活函数用于进一步处理特征。最后是输出层，使用 softmax 激活函数，将模型的输出转换为 10 个类别（代表数字 0~9）的概率分布。而模型的训练过程中，通过指定优化器（adam）和均方误差损失函数来进行模型参数的优化，完成优化后，在测试数据集上评估模型，以得到模型的准确率。

通过这个案例分析，可以构建一个能够准确识别手写数字的卷积神经网络模型。这个案例展示了使用卷积神经网络进行图像识别任务的典型流程，从数据处理到模型构建、训练、评估，以及结果的可视化分析。

4.3   反馈神经网络

反馈神经网络（Feedback Neural Network）是一种具有循环结构的神经网络模型，其基本结构包括一个或多个隐藏层和一个输出层。反馈神经网络中神经元不但可以接收其他神经元的信号，而且可以接收自己的反馈信号。与前馈神经网络相比，反馈神经网络中的神经元具有记忆功能，在不同时刻具有不同的状态，反馈神经网络中的信息传播可以是单向传播也可以是双向传播。常见的反馈神经网络包括循环神经网络（Recurrent Neural Network，RNN）、递归神经网络（Recursive Neural Network，RvNN）、Hopfield 神经网络和受限玻尔兹曼机（Restricted Boltzmann Machine，RBM）。

4.3.1 循环神经网络

循环神经网络是一类具有短期记忆能力的神经网络，适合用于处理视频、语音、文本等与时序有关的问题。在循环神经网络中，神经元不但可以接收其他神经元的信息，还可以接收自身的信息，形成具有环路的网络结构。在循环神经网络中，最基本的单元是循环体（Recurrent Unit），也称为 RNN 单元。典型的 RNN 单元有 Elman 神经网络、长短期记忆网络和门控循环单元。

1. Elman 神经网络

Elman 神经网络是一种典型的循环神经网络，它是在 BP 神经网络基本结构的基础上，在隐藏层增加一个承接层，作为一步延时算子，达到记忆的目的，从而使系统具有适应时变特性的能力，增强了网络的全局稳定性。

（1）Elman 神经网络的结构原理　Elman 神经网络一般分为四层：输入层、隐藏层（中间层）、承接层和输出层，其结构如图 4-10 所示。输入层、隐藏层、输出层的连接类似于前馈式网络。输入层单元仅起到信号传输作用；输出层单元起线性加权作用；隐藏层单元的传递函数可采用线性或非线性函数；承接层又称上下文层或状态层，它从隐藏层接收反馈信号，用来记忆隐藏层单元前一时刻的输出值并返回给网络的输入，可以认为是一个一步延时算子。

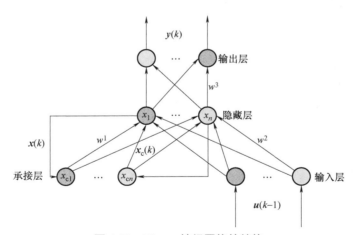

图 4-10　Elman 神经网络的结构

Elman 神经网络结构的数学表达式为

$$\boldsymbol{y}(k) = g(w^3 \boldsymbol{x}(k) + b_y) \tag{4-23}$$

$$\boldsymbol{x}(k) = f(w^1 \boldsymbol{x}_c(k) + w^2(\boldsymbol{u}(k-1)) + b_h) \tag{4-24}$$

$$\boldsymbol{x}_c(k) = \boldsymbol{x}(k-1) \tag{4-25}$$

式中，$\boldsymbol{y}$ 是 m 维输出节点向量；$\boldsymbol{x}$ 是 n 维隐藏层节点单元向量；$\boldsymbol{u}$ 是 r 维输入向量；$\boldsymbol{x}_c$ 是 n 维反馈状态向量；w^1 是承接层到隐藏层的连接权值；w^2 是输入层到隐藏层的连接权值；w^3 是隐藏层到输出层的连接权值；b_h 是隐藏层的偏置；b_y 是输出层的偏置；g 是输出神经元的激活函数，是隐藏层输出的线性组合；f 是隐藏层神经元的激活函数，常采用 tanh 或

sigmoid 函数。

Elman 神经网络的各层节点个数如下。

1）输入层、输出层的神经元节点个数：输入层的神经元数量与输入数据特征的维数是相等的，输出层的神经元节点数量也等同于输出数据标签的维度，这与 BP 神经网络一样。

2）隐藏层的神经元节点个数：不管是 BP 神经网络还是 Elman 神经网络，或者其他的神经网络，隐藏层的神经元个数都不是固定的。如果选择的隐藏层神经元个数较少，则会导致网络的学习程度减小甚至无法学习；如果选择的隐藏层神经元个数较多，则会导致网络训练的过程变慢，也很难得出预计的结果。只有当隐藏层神经元数量控制在一个合理的范围内，才能使得网络模型更好地进行学习运算。通常的做法是根据如下公式来推出隐藏层节点数目的范围，在范围之内根据训练误差最小（分类问题则取准确率最高或者误差率最低）的原则来确定最佳的隐藏层节点数目。

$$h = \sqrt{m+n} + a \tag{4-26}$$

式中，h 是隐藏层节点个数；m 是输入层节点个数；n 是输出层节点个数；a 一般取 1~10 之间的常数。

3）承接层的神经元节点个数：承接层也称为上下文层和状态层，主要功能是用来记忆隐藏层上一个时间点的输出数值。所以承接层的神经元个数与隐藏层相同，确定方法为先根据训练误差最小确定最佳的隐藏层神经元节点个数，再得到承接层的神经元节点个数。

（2）Elman 神经网络案例分析   假设已知有一个 Elman 神经网络，其输入层有 3 个节点，隐藏层有 2 个节点，输出层有 1 个节点。通过使用该网络来学习一个简单的序列模式，输入序列是一系列数字，例如，[0.1, 0.2, 0.3, 0.4, …]，希望该网络能够预测下一个数字，则在这个例子中，对于输入 0.1，其理想的输出将是 0.2。

下面是上述 Elman 神经网络的一个简单 Python 代码实现：

```python
import numpy as np

class ElmanNN:
    def __init__(self, input_size, hidden_size, output_size):
        # 权重和偏置初始化
        self.W1 = np.random.rand(hidden_size, input_size) - 0.5
        self.W2 = np.random.rand(hidden_size, hidden_size) - 0.5
        self.W3 = np.random.rand(output_size, hidden_size) - 0.5
        self.b1 = np.random.rand(hidden_size, 1) - 0.5
        self.b2 = np.random.rand(output_size, 1) - 0.5

        # 承接层状态初始化
        self.context = np.zeros((hidden_size, 1))

    def sigmoid(self, x):
```

代码

```
            return 1 / (1 + np.exp(-x))

    def forward(self, x):
        # 输入处理
        x = np.reshape(x, (len(x), 1))

        # 隐藏层计算
        self.context = np.tanh(np.dot(self.W1, x) + np.dot(self.W2, self.
        context) + self.b1)

        # 输出层计算
        y = self.sigmoid(np.dot(self.W3, self.context) + self.b2)

        return y

# 创建网络实例
elman_net = ElmanNN(input_size=3, hidden_size=2, output_size=1)

# 模拟一个输入序列
input_sequence = np.array([[0.1], [0.2], [0.3]])

# 逐一处理输入序列并获取输出
for i in range(len(input_sequence)):
    output = elman_net.forward(input_sequence[i])
print(f'Input: {input_sequence[i].flatten()} Output: {output.flatten()}')
```

下面是代码的逻辑梳理。

1）定义 ElmanNN 类：这个类代表了 Elman 神经网络，负责初始化网络的权重和偏置，以及存储承接层的状态。

2）初始化网络参数：在构造函数中，初始化了输入层到隐藏层的权重矩阵（W1）、承接层到隐藏层的权重矩阵（W2）、隐藏层到输出层的权重矩阵（W3），以及隐藏层的偏置向量（b1）和输出层的偏置向量（b2）。

承接层的状态初始化为零，这是网络在时间序列中记忆前一状态的部分。

3）实现 sigmoid 和激活函数：sigmoid 函数提供了一个标准的 sigmoid 激活，将任意实数映射到（0，1）范围，这在神经网络中通常用于输出层。

np.tanh 作为非线性激活函数直接在 forward 方法中应用，它将任意实数映射到（-1，1）范围，这在隐藏层中非常常见。

4）前向传播逻辑（forward 方法）：网络接收一个输入向量，将其与权重 W1 相乘，并加上从承接层传来的加权状态（通过 W2）和偏置 b1。计算隐藏层的状态时，应用 tanh

函数作为激活，提供了能够处理复杂模式的非线性能力。

更新承接层的状态为当前隐藏层的状态，以便在下一个时间步骤中使用。

计算输出层的状态时，通过将隐藏层状态与 W3 相乘并加上偏置 b2，然后应用 sigmoid 激活函数得到最终的输出。

5）实例化和运行网络：创建了 ElmanNN 的实例，具有指定的输入层、隐藏层和输出层大小。通过一个简单的循环，网络对每个输入序列元素执行前向传播，展示了网络对每个输入如何响应，并打印输出。

代码的这部分仅处理前向传播，适合理解 Elman 网络的动态行为。其中并不包含学习算法，如反向传播或权重更新。

2. 长短期记忆网络

长短期记忆（LSTM）网络是一种特殊的循环神经网络结构，主要用于处理和预测时间序列中的长期依赖问题。与传统的循环神经网络相比，LSTM 网络通过引入几个特殊的结构，即"门"结构，这些"门"控制信息的流动，包括信息如何被存储、修改或删除，从而有效解决传统 RNN 面临的梯度消失和梯度爆炸问题。

（1）LSTM 网络的基本结构   LSTM 网络单元主要包括三个门——遗忘门（Forget Gate）、输入门（Input Gate）和输出门（Output Gate），以及一个细胞状态（Cell State）。这些组件协同工作，以在序列数据中捕捉长期依赖关系。LSTM 网络的结构如图 4-11 所示。

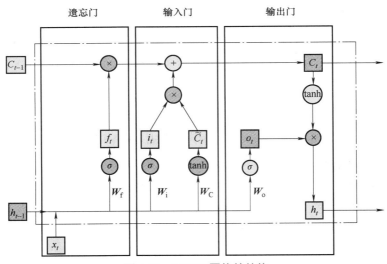

图 4-11   LSTM 网络的结构

1）遗忘门：决定从细胞状态中遗忘什么信息。遗忘门通过观察上一时间步的输出 h_{t-1} 和当前时间步的输入 x_t，并通过一个 sigmoid 函数计算出一个介于 0 和 1 之间的遗忘因子 f_t，这个遗忘因子会被应用于旧的细胞状态 C_{t-1}，以决定保留多少旧信息，0 表示不保留，1 表示都保留。其数学表达式为

$$f_t = \sigma(W_f [h_{t-1}, x_t] + b_f) \tag{4-27}$$

式中，σ 是 sigmoid 激活函数；W_f 和 b_f 分别是遗忘门的权重矩阵和偏置项。

2）输入门：更新细胞状态，决定存入什么新信息。输入门同样观察 h_{t-1} 和 x_t，但是会产生两个输出：一个 sigmoid 层的输出 i_t 决定哪些值要更新，和一个 tanh 层的输出 $\widetilde{C}_t$ 创建一个候选值向量，用于更新细胞状态。其数学表达式为

$$i_t = \sigma(W_i[h_{t-1}, x_t] + b_i) \tag{4-28}$$

$$\widetilde{C}_t = \tanh(W_C[h_{t-1}, x_t] + b_C) \tag{4-29}$$

3）更新细胞状态：结合遗忘门和输入门的信息，将旧的细胞状态 C_{t-1} 更新为新的细胞状态 C_t。先用遗忘门的输出乘以旧的细胞状态 C_{t-1}，决定遗忘什么信息。然后加上输入门的输出，即新的候选值向量 $\widetilde{C}_t$ 乘以它的输入门输出 i_t，决定更新什么信息。其数学表达式为

$$C_t = f_t * C_{t-1} + i_t \cdot \widetilde{C}_t \tag{4-30}$$

4）输出门：基于细胞状态，决定最终的输出。输出门首先运行一个 sigmoid 层来决定细胞状态的哪个部分输出。然后，将细胞状态通过 tanh（得到一个介于 –1 和 1 之间的值）与 sigmoid 层的输出相乘，得到最终的输出。

$$o_t = \sigma(W_o[h_{t-1}, x_t] + b_o) \tag{4-31}$$

$$h_t = o_t \cdot \tanh(C_t) \tag{4-32}$$

（2）LSTM 网络的实例分析　根据给定的单词序列预测句子中的下一个单词。例如，给定序列 "the cat is"，想要预测接下来的单词。为了简化，假设词汇表只包括四个单词：{"the" "cat" "is" "sleeping"}，并且每个单词都被编码为一个独热编码形式。下面的 Python 代码展示了仅使用 numpy 库从头开始实现一个非常基本的 LSTM 网络单元。

```python
import numpy as np

def sigmoid(x):
    return 1 / (1 + np.exp(-x))

def tanh(x):
    return np.tanh(x)

def lstm_cell_forward(xt, prev_c, prev_h, parameters):
    # 参数解包
    Wf = parameters["Wf"]
    bf = parameters["bf"]
    Wi = parameters["Wi"]
    bi = parameters["bi"]
    Wc = parameters["Wc"]
    bc = parameters["bc"]
    Wo = parameters["Wo"]
    bo = parameters["bo"]
```

代码

```
# 输入和前一隐藏状态的合并
concat = np.hstack((prev_h, xt))

# 遗忘门
ft = sigmoid(np.dot(Wf, concat) + bf)

# 输入门
it = sigmoid(np.dot(Wi, concat) + bi)
cct = tanh(np.dot(Wc, concat) + bc)

# 细胞状态更新
c_next = ft * prev_c + it * cct

# 输出门
ot = sigmoid(np.dot(Wo, concat) + bo)
h_next = ot * tanh(c_next)

return c_next, h_next

# 假设维度和参数初始化
np.random.seed(1)
xt = np.random.randn(3)  # 输入向量
prev_c = np.random.randn(5)  # 上一时刻的细胞状态
prev_h = np.random.randn(5)  # 上一时刻的隐藏状态
parameters = {"Wf": np.random.randn(5, 8), "bf": np.random.randn(5,),
              "Wi": np.random.randn(5, 8), "bi": np.random.randn(5,),
              "Wc": np.random.randn(5, 8), "bc": np.random.randn(5,),
              "Wo": np.random.randn(5, 8), "bo": np.random.randn(5,)}

# 前向传播
c_next, h_next = lstm_cell_forward(xt, prev_c, prev_h, parameters)

print("Next Cell State: ", c_next)
print("Next Hidden State: ", h_next)
```

下面是代码的逻辑梳理。

1）参数和输入初始化。初始化输入 xt（当前时间步的输入）、prev_c（前一个时间步的细胞状态）和 prev_h（前一个时间步的隐藏状态）。

定义 LSTM 网络单元需要的参数（权重矩阵和偏置项），包括遗忘门（Wf 和 bf）、输入门（Wi 和 bi）、细胞状态更新（Wc 和 bc）、输出门（Wo 和 bo）。这些参数通常通过学习过程自动调整，以适应特定任务。

2）计算门控制信号。

① 遗忘门：使用前一个时间步的隐藏状态和当前时间步的输入，决定哪部分旧细胞状态应该被遗忘。这通过 Wf 和 bf 计算得到的激活值，经过 sigmoid 函数处理，产生遗忘门的输出 ft。

② 输入门：同样查看当前输入和前一隐藏状态，决定哪些新的信息将加入细胞状态。这包括计算输入门 it 和候选细胞状态 cct，分别通过 Wi，bi 和 Wc，bc 进行。

3）细胞状态更新。结合遗忘门的输出和输入门的输出来更新细胞状态。这涉及丢弃部分旧的细胞状态（乘以 ft），加入新的信息（it*cct）。

4）输出门和隐藏状态。输出门基于当前细胞状态决定哪部分信息将作为当前的隐藏状态输出。通过 Wo 和 bo 计算得到的激活值，再经过 sigmoid 函数处理，产生输出门的输出 ot。

使用输出门的输出和当前细胞状态（通过 tanh 函数处理）的乘积，计算出下一个时间步的隐藏状态 h_next。

5）输出。最终输出包括更新后的细胞状态 c_next 和新的隐藏状态 h_next。这两个输出对于序列中的下一个时间步是必要的，因为它们包含了当前时间步处理的信息，以及为下一步决策提供上下文的能力。

总的来说，这个 LSTM 网络单元的实现演示了 LSTM 网络处理序列信息的基本机制，包括如何通过遗忘门丢弃无关信息、通过输入门添加新信息，以及如何通过输出门控制最终输出的隐藏状态。这种能力使得 LSTM 网络特别适合处理需要理解长期依赖关系的任务，如语言模型和时间序列预测。

3. 门控循环单元

门控循环单元（GRU），是循环神经网络的变种，与 LSTM 网络类似，通过 GRU 可以解决 RNN 中不能长期记忆和反向传播中的梯度等问题。与 LSTM 网络相比，GRU 内部的网络架构较为简单。

（1）GRU 的结构原理　GRU 网络内部包含更新门（Update Gate）与重置门（Reset Gate）两个门。重置门决定了如何将新的输入信息与前面的记忆相结合，更新门定义了前面记忆保存到当前时间步的量。如果我们将重置门设置为 1，更新门设置为 0，那么我们将再次获得标准 RNN 模型。这两个门控向量决定了哪些信息最终能作为 GRU 的输出。这两个门控机制的特殊之处在于，它们能够保存长期序列中的信息，且不会随时间而清除或因为与预测不相关而移除。GRU 的结构如图 4-12 所示。

1）更新门：更新门用于控制前一个时间步的隐藏状态应该被保留到多大程度，以及当前输入应该以多大程度影响当前的隐藏状态。更新门可以看作决定信息是否需要更新的机制。其数学表达式为

$$z_t = \sigma(W_z[\,h_{t-1}, x_t\,] + b_z) \tag{4-33}$$

式中，z_t 是在时间步 t 的更新门；σ 是 sigmoid 激活函数；W_z 是更新门的权重矩阵；h_{t-1} 是前一时间步的隐藏状态；x_t 是当前时间步的输入；b_z 是更新门的偏置项。

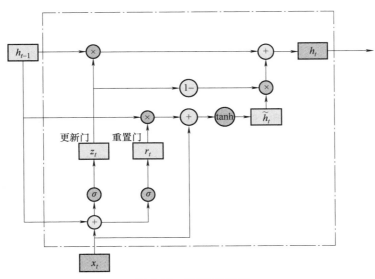

图 4-12　GRU 的结构

2）重置门：重置门决定了前一个状态的哪些信息应该被丢弃。这允许 GRU 模型在必要时忘记旧的信息，这对于模型捕获时间序列数据中的长期依赖至关重要。其数学表达式为

$$r_t = \sigma(W_r[\,h_{t-1}, x_t\,] + b_r)\tag{4-34}$$

式中，r_t 是在时间步 t 的重置门；W_r 和 b_r 分别是重置门的权重矩阵和偏置项。

3）候选隐藏状态（Candidate Hidden State）：候选隐藏状态是一个暂时的状态，它结合了当前输入和过去的信息（经过重置门的调节）。这个状态将和更新门一起决定最终的隐藏状态。其数学表达式为

$$\widetilde{h}_t = \tanh(W[\,r_t \cdot h_{t-1}, x_t\,] + b)\tag{4-35}$$

式中，$\widetilde{h}_t$ 是在时间步 t 的候选隐藏状态；W 和 b 分别是候选隐藏状态的权重矩阵和偏置项。

4）最终隐藏状态（Final Hidden State）：最终隐藏状态是通过结合更新门、前一隐藏状态以及候选隐藏状态来计算得到的。这一步骤确保了模型可以根据需要保留长期信息或忘记无关信息。其数学表达式为

$$h_t = z_t \cdot h_{t-1} + (1 - z_t) \cdot \widetilde{h}_t\tag{4-36}$$

式中，h_t 是在时间步 t 的最终隐藏状态。

（2）GRU 的实例分析　假设有一个关于月度销售额的时间序列数据，为了简化，假定这个序列为 100，110，120，130，140，150。为了使用 GRU 模型处理这个序列，将每一个销售额数字看作一个时间点的特征，并将序列转换成模型可以处理的形式。本实例的代码实现如下：

```
import torch
import torch.nn as nn

# 设置参数
```

代码

```
input_size = 1 # 每个时间点的输入特征维度 (在此例中, 我们每个时间点只有一个
特征, 即销售额)
hidden_size = 5 # 隐藏层特征维度
num_layers = 1 # GRU 层数

# 创建 GRU 模型
class GRUModel(nn.Module):
    def __init__(self, input_size, hidden_size, num_layers):
        super(GRUModel, self).__init__()
        self.hidden_size = hidden_size
        self.num_layers = num_layers
        self.gru=nn.GRU(input_size,hidden_size,num_layers,batch_first=True)

    def forward(self, x):
        h0 = torch.zeros(self.num_layers, x.size(0), self.hidden_size)
        out, hn = self.gru(x, h0)
        return out, hn

# 实例化模型
model = GRUModel(input_size, hidden_size, num_layers)

# 定义时间序列数据
sales_data = torch.tensor([[100.0], [110.0], [120.0], [130.0], [140.0], [150.0]]).
unsqueeze(0) # 增加一个批次维度

# 将数据通过模型运行
output, hn = model(sales_data)

# 显示结果
print("Input shape:", sales_data.shape)
print("Output shape:", output.shape)
print("Last hidden state shape:", hn.shape)
print("Output:", output)
print("Last hidden state:", hn)
```

下面是代码的逻辑梳理。

1）定义 GRU 模型类：利用 PyTorch 框架，定义了一个 GRUModel 类，该类继承自 nn.Module。在类的构造函数中，初始化了一个 GRU 层，需要指定输入数据的特征维度 input_size、隐藏层状态的维度 hidden_size 以及 GRU 层的数量 num_layers。

在前向传播函数 forward 中，初始化了隐藏状态 h0，并将输入数据 x 及隐藏状态一同传递给 GRU 层，GRU 层的输出包括了最后的输出 out 以及最后一个时间步的隐藏状态 hn。

2）实例化模型：根据特定的参数（输入特征维度、隐藏层特征维度和 GRU 层数）实例化了 GRUModel。

3）准备输入数据：为了展示模型是如何处理真实数据的，本实例创建了一个简单的时间序列数据。这个数据以销售数据为背景，构造了一个有序的序列。

将这个序列数据封装成模型可以接受的格式。在本实例中，由于处理的是单变量时间序列数据，每个时间步的输入特征维度是 1。还需要添加一个批次维度，以符合 PyTorch 处理数据的标准格式。

4）运行模型：将准备好的输入数据通过实例化的 GRU 模型进行前向传播。在这一步中，模型会根据当前的输入和之前的状态计算出下一个时间步的输出和状态。

5）输出结果：最后，输出了模型的两个主要结果：output 和 hn。output 包含了序列中每个时间步的输出，而 hn 表示序列中最后一个时间步的隐藏状态。

整个实例是为了展示 GRU 处理序列数据的能力，尤其是在处理时间序列数据时的应用潜力。需要注意的是，本实例展示的模型并未进行训练，所以输出的结果不代表任何实际的预测或分析，而仅仅是为了说明 GRU 模型的工作机制。

4.3.2　递归神经网络

递归神经网络（RvNN）是一种深度学习模型，它通过递归地处理数据来建模序列或列表中的元素间的层次结构。RvNN 特别适用于那些自然形成层次结构或树状结构的数据，如自然语言处理中的句子、计算机视觉中的图像区域分割等。

1. RvNN 的结构原理

RvNN 通过将数据表示为树结构来工作，其中每个节点都是通过对其子节点的信息进行某种形式的合并（通常是通过学习得到的权重和激活函数）来计算得到的。在这个过程中，每个节点都可以视为对其下方子树的信息进行编码的过程。从树的叶节点开始，每一步的计算都基于子节点的输出，递归地向上至树的根节点。这种方式使得 RvNN 能够在每个节点上捕捉到局部和全局的信息，并将其整合在一起。与 RNN 的思想类似，只不过将"时序"转换成了"结构"。

RvNN 的输入可以是两个子节点，也可以是多个子节点，输出就是将这两个或多个子节点编码后产生的父节点，父节点的维度与每个子节点是一致的，RvNN 的子结构如图 4-13 所示。

图 4-13 中，c_1 和 c_2 分别是两个子节点的向量，p 是父节点的向量。子节点和父节点组成一个全连接神经网络，也就是子节点的每个神经元都和父节点的每个神经元两两相连。其中，父节点的计算公式如下：

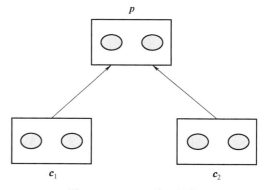

图 4-13　RvNN 的子结构

$$p = \tanh\left(W\begin{bmatrix} c_1 \\ c_2 \end{bmatrix} + b\right) \tag{4-37}$$

式中，tanh 是激活函数；W 是权值矩阵；b 是偏置项。

然后，将产生的父节点的向量和其他子节点的向量再次作为网络的输入，再次产生它们的父节点。如此递归下去，直至整棵树处理完毕。每个节点都是通过相同的合并函数计算得到的，确保了模型的参数共享和计算的高效性。最终，将得到根节点的向量，可以认为它是对整棵树的表示，这样就实现了把树映射为一个向量，RvNN 的整体结构如图 4-14 所示。

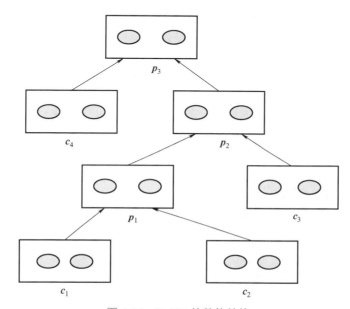

图 4-14　RvNN 的整体结构

2. RvNN 的实例分析

假设有一个非常简单的二叉树，其中每个节点包含一个单一的数值作为数据。目标是让网络学会将子节点的数值相加，并将结果传递给父节点。为了简化，将不使用激活函数，并且假设所有权重为 1，偏置为 0。首先，定义二叉树节点和一个简单的 RvNN 类。然后，构建一个小型的二叉树，并通过 RvNN 处理这棵树，以展示信息是如何在树中向上传播的。本实例的代码实现如下：

代码

```
class TreeNode:
    def __init__(self, data):
        self.data = data
        self.left = None
        self.right = None


class SimpleRvNN:
    def __init__(self):
        self.W = np.array([[1, 1]]) # 权重设置为 1
```

```
        self.b = np.array([[0]])    # 偏置设置为 0

    def forward(self, node):
        if node is None:
            return np.array([[0]])

        left_h = self.forward(node.left)
        right_h = self.forward(node.right)

        # 因为数据是单一数值，将其转换为 2D 向量以进行矩阵乘法
        h = np.array([[left_h[0,0], right_h[0,0]]])
        node_h = np.dot(self.W, h.T) + self.b

        return node_h

# 构建二叉树
root = TreeNode(1)    # 根节点
root.left = TreeNode(2)    # 左子节点
root.right = TreeNode(3)    # 右子节点

root.left.left = TreeNode(4)    # 左子节点的左子节点
root.left.right = TreeNode(5)    # 左子节点的右子节点

# 初始化并运行 RvNN
simple_rvnn = SimpleRvNN()
root_representation = simple_rvnn.forward(root)
print("Root representation:", root_representation)
```

这段代码演示了如何使用 RvNN 处理一个简单的二叉树结构，其中每个节点包含一个单一的数值作为数据。下面是代码的逻辑梳理。

1）定义二叉树节点（TreeNode 类）：创建了一个名为"TreeNode"的类，用于定义二叉树中的节点。每个节点包含一个数据属性（data）和两个指向其子节点的引用（left 和 right）。

2）定义简单的递归神经网络（SimpleRvNN 类）：创建了一个名为"SimpleRvNN"的类，代表一个非常基础的递归神经网络模型，该模型专门用于处理二叉树结构的数据。

在这个简化的模型中，定义了一个权重（self.W）和一个偏置（self.b），其中权重初始化为 [[1，1]]，表示对从子节点传入的数据不进行变化的直接相加；偏置初始化为 [[0]]，表示在计算过程中不加任何常数项。

3）forward 方法：SimpleRvNN 类包含一个 forward 方法，用于实现网络的前向传播逻辑。这个方法递归地遍历给定的二叉树，对于每个节点，它计算当前节点的表示。

如果一个节点为空（即不存在子节点），方法返回一个值为 0 的二维数组（以适配矩阵运算）。

对于非空节点，方法首先递归调用自身来计算左右子节点的表示。然后，将这两个表示作为输入，通过权重矩阵乘法和偏置相加来计算当前节点的表示。由于这里的示例是极简化的，权重和偏置的设置使得这个计算实质上等同于直接将左右子节点的数值相加。

4）构建二叉树和运行模型：代码构建了一个简单的二叉树实例，根节点包含值 1，其左右子节点分别包含值 2 和 3。左子节点还有两个子节点，分别包含值 4 和 5。

实例化 SimpleRvNN 类创建了一个递归神经网络对象，并对构建的二叉树执行了一次前向传播，计算得到根节点的表示。

5）期望输出：由于实例中的网络逻辑是将所有子节点的值累加到父节点，因此对于给定的二叉树，最终在根节点处期望得到的表示值是所有节点值的总和，即 1+2+3+4+5=15。

4.3.3　Hopfield神经网络

Hopfield 神经网络由物理学家 J.J.Hopfield 于 1982 年提出，这是一种单层反馈式神经网络。

Hopfield 神经网络被认为是一种最典型的全反馈网络，可以看作一种非线性的动力学系统。根据其激活函数的不同，Hopfield 神经网络有两种：离散 Hopfield 神经网络（Discrete Hopfield Neural Network，DHNN）和连续 Hopfield 神经网络（Continues Hopfield Neural Network，CHNN）。

1. DHNN

DHNN 是二值神经网络，该模型的处理单元由神经元构成，每个神经元有两种状态：激活状态和抑制状态，分别用 1 和 –1 表示。神经元之间通过赋有权值的有向线段连接，通过求取全局状态的最小能量来训练模型。

（1）DHNN 的结构　DHNN 的结构如图 4-15 所示。

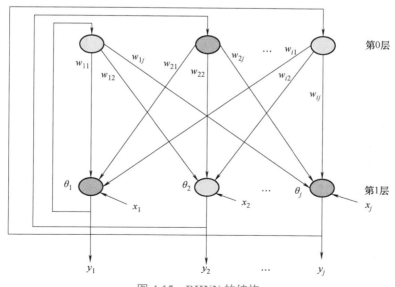

图 4-15　DHNN 的结构

在图 4-15 中，第 0 层仅仅作为网络的输入，所以不把它当作实际的神经元，无计算功能。第 1 层是实际的神经元，每个神经元均设有一个阈值 θ_j。设 y_j 表示第 j 个神经元的输出，x_j 表示第 j 个神经元的外部输入，可以理解为额外施加在神经元 j 上的固定偏置。输出 y_1 到 y_2、y_j 的权重分别记为 w_{12} 和 w_{1j}，并以此类推，其中 $w_{ij}=w_{ji}$，即神经元的连接是对称的。若 $w_{ii}=0$，则神经元自身无连接，称为无自反馈的 Hopfield 网络；若 $w_{ii} \neq 0$，则称为有自反馈的 Hopfield 网络。该模型的计算方式如下：

$$y_j = \begin{cases} 1, u_j \geqslant \theta_j \\ -1, u_j < \theta_j \end{cases} \tag{4-38}$$

式中，u_j 的计算公式如下：

$$u_j = \sum_i w_{ij} y_i + x_j \tag{4-39}$$

对于一个 DHNN，其网络状态是输出神经元信息的集合。故其 t 时刻的状态为一个 $\boldsymbol{n}$ 维向量：

$$\boldsymbol{Y}(t) = \left[y_1(t), y_2(t), \cdots, y_n(t) \right]^{\mathrm{T}} \tag{4-40}$$

因为每个神经元有两个取值 1 或 0，故网络共有 2^n 种状态。

（2）DHNN 的工作方式   DHNN 有两种基本的工作方式：串行异步方式和并行同步方式。

1）串行异步方式：在某一时刻只有一个神经元调整其状态，其余输出不变，即

$$y_j(t+1) = \begin{cases} \mathrm{sgn}\left[\mathrm{net}_j(t) \right], j = i \\ y_j(t), j \neq i \end{cases} \tag{4-41}$$

式中，sgn 是激活函数；net_j 是净输入，其表达式如下：

$$\mathrm{sgn}(\mathrm{net}_j) = \begin{cases} 1, \ \mathrm{net}_j \geqslant 0 \\ -1, \ \mathrm{net}_j < 0 \end{cases} \tag{4-42}$$

$$\mathrm{net}_j = \sum_{i=1}^{n} (w_{ij} y_i - \theta_j) \tag{4-43}$$

2）并行同步方式：部分或者所有神经元同时调整其状态，即

$$y_j(t+1) = \mathrm{sgn}\left[\mathrm{net}_j(t) \right] \tag{4-44}$$

（3）实例分析   假设有一个包含三个神经元的 Hopfield 神经网络，其目的是存储和回忆一个特定的模式（如 [1，-1，1]）。通过适当设置权重矩阵和初始网络状态，即使起始状态与目标模式有所不同，网络通过迭代更新神经元状态，最终收敛到存储的模式。本实例的代码实现如下：

```
import numpy as np

class HopfieldNetwork:
    def __init__(self, size):
        self.size = size
```

代码

```
        self.weights = np.zeros((size, size))

    def train(self, patterns):
        for pattern in patterns:
            pattern = np.array(pattern)
            self.weights += np.outer(pattern, pattern)
        # 将对角线元素设为 0, 避免自我激励
        np.fill_diagonal(self.weights, 0)

    def update(self, state):
        """ 异步更新网络状态 """
        for i in range(self.size):
            raw_input = np.dot(self.weights[i, :], state)
            state[i] = 1 if raw_input >= 0 else -1
        return state

    def recall(self, pattern, steps=10):
        state = pattern.copy()
        for _ in range(steps):
            state = self.update(state)
        return state


# 网络初始化
size = 3   # 一个简单的示例, 使用三个神经元的网络
hopfield_net = HopfieldNetwork(size=size)


# 模式存储
pattern = [1, -1, 1]
hopfield_net.train([pattern])


# 模式回忆
initial_state = [-1, -1, 1]
recalled_state = hopfield_net.recall(initial_state)


print("Recalled State:", recalled_state)
```

这段代码实现了一个简单的 DHNN, 下面是代码的逻辑梳理。

1) 网络初始化 (__init__ 方法): 创建一个 HopfieldNetwork 类, 它可以生成具有指定数量神经元的网络。

网络中所有神经元的连接权重初始化为一个大小为 size × size 的零矩阵。size 是网络中神经元的数量。

2）模式存储（train 方法）：接受一个或多个要存储的模式（在这个简单实例中，只存储了一个模式）。

使用 Hebbian 学习规则更新权重矩阵。对于每个给定的模式，将模式向量与其自身的外积加到权重矩阵上。

设置权重矩阵的对角线元素为 0，避免神经元的自我激励。

3）网络更新（update 方法）：实现异步更新网络中的神经元状态。这是通过对每个神经元计算加权输入和决定其新状态（1 或 –1）来完成的。

更新是基于当前的权重矩阵和神经元的状态进行的。这个过程不是一次性完成的，而是逐个神经元依次更新。

4）模式回忆（recall 方法）：从给定的初始状态开始，尝试回忆存储的模式。这是通过重复调用 update 方法来实现的，允许网络通过一系列的状态更新来达到一个稳定状态。

在稳定状态下，网络的状态应该与存储的模式相匹配或非常接近。

5）实际应用：通过创建 HopfieldNetwork 类的实例并指定神经元数量来初始化网络。使用 train 方法存储一个模式。使用 recall 方法从某个初始状态开始，让网络通过更新过程尝试回忆之前存储的模式。

2. CHNN

1984 年 J.J.Hopfield 采用模拟电子线路实现了 Hopfield 神经网络，该网络的输出层采用连续函数作为传输函数，被称为连续 Hopfield 神经网络。Hopfield 神经网络的输入 / 输出均为模拟量，可以用于优化问题的求解，Hopfield 用它成功解决了旅行商问题（Traveling Salesman Problem，TSP）。

（1）CHNN 的结构　CHNN 和 DHNN 的结构相同，不同之处在于其激活函数不是阶跃函数或符号函数，而是 S 形的连续函数，如 sigmoid 函数。通常 CHNN 用常微分方程或者集成电路来描述，CHNN 的结构如图 4-16 所示。

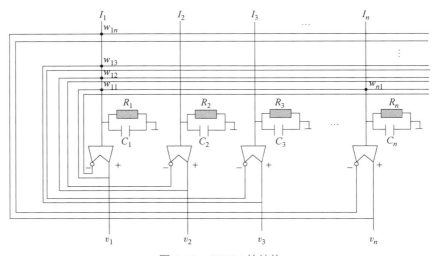

图 4-16　CHNN 的结构

其中每一个神经元用一个运算放大器来定义，CHNN 一个节点的电路模型如图 4-17 所示。

对于图 4-17 所示的电路模型，其微分方程如下：

$$\begin{cases} C_j \dfrac{\mathrm{d}u_i}{\mathrm{d}t} = \sum_{j=1}^{n} w_{ij}v_j - \dfrac{u_i}{R_i} + I_i \\ v_i = f(u_i) \end{cases} \qquad (4\text{-}45)$$

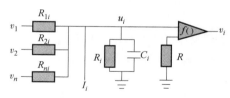

（2）实例分析　为了更好地理解 CHNN 的工作原理，用一段简单的代码模拟一个包含三个神经元的 CHNN 的动态行为。在此模拟中，将假设所有

图 4-17　CHNN 一个节点的电路模型

神经元具有相同的电阻和电容值，并使用 sigmoid 函数作为激活函数。本实例的代码实现如下：

```python
import numpy as np
from scipy.integrate import solve_ivp
import matplotlib.pyplot as plt


# 定义 sigmoid 激活函数
def sigmoid(x):
    return 1 / (1 + np.exp(-x))


# 定义网络动态行为的函数
def network_dynamics(t, V, W, R, C):
    return (-V + W @ sigmoid(V)) / (R * C)


# 神经元数量
n_neurons = 3


# 权重矩阵，简单示例：所有神经元互连且权重相等
W = np.array([[0, 1, 1],
              [1, 0, 1],
              [1, 1, 0]])


# 电阻 R 和电容 C 的值
R = 1.0    # 电阻值
C = 1.0    # 电容值


# 初始电压状态
V0 = np.random.randn(n_neurons)
```

代码

```
# 时间范围
t_span = [0, 10]
t_eval = np.linspace(*t_span, 500)

# 使用 solve_ivp 解决微分方程
sol = solve_ivp(network_dynamics, t_span, V0, args=(W, R, C), t_eval=t_eval,
method='RK45')

# 绘制每个神经元随时间的电压变化
plt.figure(figsize=(10, 6))
for i in range(n_neurons):
        plt.plot(sol.t, sol.y[i], label=f'Neuron {i+1}')
plt.title('Dynamics of a 3-Neuron Continuous Hopfield Network')
plt.xlabel('Time')
plt.ylabel('Voltage')
plt.legend()
plt.show()
```

这段代码实现了一个包含三个神经元的 CHNN 的动态模拟，下面是代码的逻辑梳理。

1）导入必要的库：使用 numpy 进行矩阵和向量计算，使用 scipy.integrate.solve_ivp 进行微分方程的数值求解，以及使用 matplotlib.pyplot 进行结果的可视化。

2）定义激活函数：选择 sigmoid 函数作为神经元的激活函数，该函数可以将任意实数映射到（0，1）区间内，模拟神经元的非线性激活行为。

3）设置网络动态行为：定义一个函数 network_dynamics 来描述网络中每个神经元电压随时间的变化率。这个函数基于 CHNN 的核心方程，考虑到电阻 R、电容 C 以及神经元之间的连接权重 W。

4）初始化网络参数：定义一个 3×3 的权重矩阵 W，其中矩阵元素表示神经元之间的连接权重。在这个简单例子中，权重矩阵设定为所有非对角线元素为 1，对角线元素为 0，意味着每个神经元接受来自其他所有神经元的输入，但没有自反馈。

设置电阻 R 和电容 C 的值，这些参数影响网络的时间响应特性。

初始化神经元的电压状态 V0，采用随机数以模拟网络在不确定初始状态下的行为。

5）数值求解微分方程：利用 solve_ivp 函数求解网络动态方程，t_span 定义了求解的时间范围，而 t_eval 指定了在此范围内求解结果的时间点，以便于后续的可视化分析。

6）可视化结果：使用 matplotlib 绘制每个神经元的电压随时间的变化图。图显示了网络从初始状态开始，随时间演化到稳定状态的过程。

4.3.4 受限玻尔兹曼机

玻尔兹曼机（BM）是一种随机递归神经网络，其灵感来源于物理学中的玻尔兹曼分布，由杰弗里·辛顿（Geoffrey Hinton）和特里·谢诺夫斯基（Terry Sejnowski）在 20 世纪 80 年代初期提出。BM 包含了一层可见单元和一层或多层隐藏单元，单元之间可以任意连接，包括单元自身的连接（自连接）和层内单元间的连接。尽管 BM 在理论上非常有吸引力，但其在实际应用中由于计算复杂性极高而受到限制。特别是，BM 的自由连接结构导致训练过程中需要计算复杂的相互作用，使得学习过程非常缓慢和低效。为了克服这些限制，受限玻尔兹曼机（Restricted Boltzmann Machine，RBM）被提出作为 BM 的一个变种，它简化了网络结构，仅允许可见单元和隐藏单元之间的交互，而不允许同层单元之间的连接。这种结构的简化显著减少了模型的自由参数数量，使得学习过程更为高效和稳定。

1. RBM 的基本介绍

RBM 是一种利用模拟退火算法，并且使用了玻尔兹曼分布作为激活函数的神经网络模型，用于模拟给定输入数据集的概率分布。它由可见单元（代表观察到的数据）和隐藏单元（代表数据背后的特征）组成，单元间通过权重连接。RBM 通过模拟物理中的玻尔兹曼分布，使用能量函数来描述系统的状态，旨在找到使系统能量最低的权重配置，以此来学习数据的内在结构。RBM 可以处理各种机器学习问题，包括模式识别、特征学习、分类等。

2. RBM 的运行流程

RBM 是一种由两层神经元组成的网络，包含一层可见单元和一层隐藏单元。这些单元相当于神经网络中的神经元，可以处于激活（表示为 1）或非激活（表示为 0）状态。RBM 与 BM 的区别就是 RBM 神经元只在层与层之间连接，同层之间没有连接。

可见单元对应于网络的输入层，通常代表观测数据。例如，在图像处理的应用中，每个可见单元可以对应于像素的强度。

隐藏单元构成网络的第二层，它们不直接与外界交互，而是捕捉可见单元无法直接表达的内在特征。这些特征可能代表输入数据中的高阶结构或模式。

BM 结构与 RBM 结构分别如图 4-18 和图 4-19 所示。

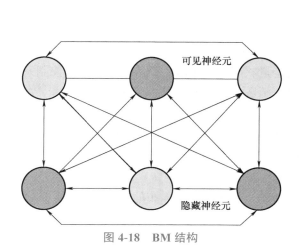

图 4-18　BM 结构　　　　　　　　图 4-19　RBM 结构

根据图 4-19 对 RBM 的运行流程进行梳理：

（1）初始化参数   RBM 开始时，权重通常被随机初始化，以及设定可见单元的状态以匹配一个训练样本。

（2）输入数据   数据被输入到可见单元。在一个典型的 RBM 中，这些单元可以代表某种形式的观测数据，如像素点的亮度。

（3）更新隐藏单元状态   给定可见单元的状态，RBM 使用概率函数更新隐藏单元的状态，对于隐藏单元 h_j（在这里 j 索引隐藏单元），其状态更新为激活（表示为 1）或非激活（表示为 0）的概率由下面的逻辑函数（sigmoid 函数）给出：

$$P(h_j=1|\boldsymbol{v})=f(\textstyle\sum_i w_{ij}v_i+b_j) \tag{4-46}$$

式中，$\boldsymbol{v}$ 是可见单元的状态向量；w_{ij} 是可见单元 i 和隐藏单元 j 之间的权重；b_j 是隐藏单元 j 的偏置；$f(x)$ 是逻辑函数，$f(x)=\dfrac{1}{1+\mathrm{e}^{-x}}$。

得到概率 $P(h_j=1|\boldsymbol{v})$ 后，生成一个 $[0, 1]$ 区间内的随机数，如果该随机数小于计算出的概率，那么单元将被设置为 1（激活状态），否则设置为 0（非激活状态）。还需要将这个概率与这一个随机数进行比较，随机决定 h_j 的状态。

（4）更新可见单元状态   网络根据隐藏单元的状态更新可见单元的状态，这个过程被称为重建。对于可见单元 v_i（在这里 i 索引可见单元），其状态的更新过程类似于隐藏单元：

$$P(v_i=1|\boldsymbol{h})=f(\textstyle\sum_j w_{ij}h_j+a_i) \tag{4-47}$$

式中，$\boldsymbol{h}$ 是隐藏单元的状态向量；a_i 是可见单元 i 的偏置。

同样在得到概率 $P(v_i=1|\boldsymbol{h})$ 后，将这个概率与一个随机数进行比较，随机决定 v_i 的状态。

（5）能量计算   RBM 中的能量计算是一个关键步骤，用于评估网络的当前状态。能量函数是网络状态的量度，用于确定状态的概率和进行学习过程中的权重调整。

能量函数 E 的计算公式如下：

$$E(v,h)=-(\textstyle\sum_{i,j}^{N}w_{ij}v_ih_j+\sum_i^{N_v}a_iv_i+\sum_j^{N_h}b_jh_j) \tag{4-48}$$

根据能量函数，可以继续推导出系统在某个状态 (v, h) 的概率为

$$P(v,h)=\frac{\mathrm{e}^{-E(v,h)/T}}{Z} \tag{4-49}$$

式中，$\mathrm{e}^{-E(v,h)/T}$ 是能量的负指数，表示低能量状态的高概率；T 是温度参数，控制系统的熵和随机性；Z 是归一化因子，也称为配分函数，是所有可能状态的能量的负指数之和，确保所有状态概率之和为 1。

（6）学习训练   通过对比原始输入和重建后的状态，计算误差，并根据这个误差来调整权重，这通常通过学习算法（如对比散度）来完成。权重更新量的计算公式如下：

$$\Delta w_{ij}=\eta(\langle v_ih_j\rangle_{\mathrm{data}}-\langle v_ih_j\rangle_{\mathrm{recon}}) \tag{4-50}$$

式中，Δw_{ij} 是权重更新量；η 是学习率；$\langle v_ih_j\rangle_{\mathrm{data}}$ 是基于数据分布的期望值；$\langle v_ih_j\rangle_{\mathrm{recon}}$ 是基于模型重建分布的期望值。

偏置的更新也采用同样的方法。这个过程反复进行，直至网络达到一个平衡状态（可

见单元的重建数据不再显著变化，或者达到了预设的迭代次数）。

（7）生成或分类　训练完成后，RBM 可以用来生成数据或分类。生成数据时，可以随机设置隐藏单元的状态，然后让网络达到平衡，观察可见单元的状态；分类时，可以将输入数据置于可见单元，然后观察隐藏单元的激活模式。

3. RBM 的实例分析

现通过一个简单的实例来分析 RBM 的工作原理和应用。这里将使用 RBM 来学习和重建手写数字图像的特征，这些图像来自著名的 MNIST 数据集。MNIST 数据集包含了成千上万的 28 像素 × 28 像素的手写数字图像，是机器学习领域中常用的数据集之一。本实例的目标是训练一个 RBM 来学习 MNIST 数据集中手写数字的分布，然后使用这个模型来重建新的手写数字图像。本实例的代码实现如下：

代码

```python
import torch
import torchvision
from torchvision import datasets, transforms
import matplotlib.pyplot as plt
batch_size = 64

# 将数据转换为 torch 张量并进行归一化
transform = transforms.Compose([transforms.ToTensor(), transforms.
Normalize((0.5,), (0.5,))])

# 加载训练和测试数据集
train_data = datasets.MNIST(root='./data', train=True, download=True,
transform=transform)
test_data = datasets.MNIST(root='./data', train=False, download=True,
transform=transform)

# 数据加载程序
train_loader = torch.utils.data.DataLoader(train_data, batch_
size=batch_size, shuffle=True)
test_loader = torch.utils.data.DataLoader(test_data, batch_
size=batch_size, shuffle=True)
class RBM(torch.nn.Module):
    def __init__(self, n_vis, n_hid):
        super(RBM, self).__init__()
        self.W = torch.nn.Parameter(torch.randn(n_hid, n_vis) * 0.1)
        self.v_bias = torch.nn.Parameter(torch.zeros(n_vis))
        self.h_bias = torch.nn.Parameter(torch.zeros(n_hid))
```

```python
    def sample_from_p(self, p):
        return torch.bernoulli(p)

    def v_to_h(self, v):
        p_h = torch.sigmoid(torch.matmul(v, self.W.t()) + self.h_bias)
        sample_h = self.sample_from_p(p_h)
        return p_h, sample_h

    def h_to_v(self, h):
        p_v = torch.sigmoid(torch.matmul(h, self.W) + self.v_bias)
        sample_v = self.sample_from_p(p_v)
        return p_v, sample_v

    def forward(self, v):
        pre_h, h = self.v_to_h(v)
        pre_v, v = self.h_to_v(h)
        return v

    def free_energy(self, v):
        vbias_term = v.mv(self.v_bias)
        wx_b = torch.matmul(v, self.W.t()) + self.h_bias
        hidden_term = wx_b.exp().add(1).log().sum(1)
        return (-hidden_term - vbias_term).mean()
n_vis = 28 * 28
n_hid = 500
lr = 0.01
epochs = 10


rbm = RBM(n_vis, n_hid)


train_op = torch.optim.SGD(rbm.parameters(), lr=lr)


for epoch in range(epochs):
    loss_ = []
    for _, (data, target) in enumerate(train_loader):
        data = data.view(-1, 784)   # Flatten the data
        data = (data - 0.5) * 2   # Normalize data to [-1, 1]
        sample_data = data.bernoulli()
```

```
        v, v1 = rbm(sample_data)
        loss = rbm.free_energy(sample_data) - rbm.free_energy(v1)
        loss_.append(loss.item())

        train_op.zero_grad()
        loss.backward()
        train_op.step()

    print(f"Epoch {epoch+1}, Loss: {sum(loss_)/len(loss_)}")
def show_and_reconstruct(test_loader, rbm):
    test_data = next(iter(test_loader))[0]
    test_data = test_data.view(-1, 784) # Flatten the data
    test_data = (test_data - 0.5) * 2 # Normalize data to [-1, 1]
    v, v1 = rbm(test_data.bernoulli())
    fig, axs = plt.subplots(2, 10, figsize=(20, 4))
    for i in range(10):
        axs[0, i].imshow(test_data[i].view(28, 28).numpy(), cmap='gray')
        axs[0, i].axis('off')
        axs[1, i].imshow(v1[i].view(28, 28).detach().numpy(), cmap='gray')
        axs[1, i].axis('off')
    plt.show()

show_and_reconstruct(test_loader, rbm)
```

在这个代码中，首先定义 RBM 中可见层和隐藏层的权重和偏置参数，模型还设置好了从可见层到隐藏层的转换方法、从隐藏层到可见层的转换方法以及一个前向传播方法用于生成重建的图像，然后再利用能量函数计算能量。在学习训练步骤中，使用原始数据的伯努利采样作为输入，计算重建的数据和自由能差，用作损失函数，最后再使用梯度下降算法更新模型的权重和偏置。这样就得到了训练好的 RBM 模型，从测试数据集中选取一批图像，使用训练好的 RBM 模型进行重建，评估模型的性能。

这个实例分析展示了 RBM 在特征学习和图像重建方面的应用。通过训练，RBM 能够捕获到数据中的隐藏特征，并使用这些特征来重建新的图像。这个过程展示了 RBM 作为生成模型的潜力，以及它在无监督学习任务中的实用性。

科学家科学史
"两弹一星"功勋科
学家：孙家栋

第 5 章

遗传算法基础

PPT 课件

课程视频

5.1　遗传算法的基本概念

5.1.1　遗传算法的生物学基础

根据化石和分子学证据，地球上现存的所有生物在 35 亿~38 亿年前拥有共同祖先。而驱动从同一祖先演化到如今遍布全球的不胜枚举物种的过程则是自然选择。达尔文在 1859 年出版的《物种起源》一书中首次系统性地阐述了自然选择的生物进化观点，如图 5-1 所示。生物的遗传特征在生存竞争中，由于具有某种优势或某种劣势，因此在生存能力上产生差异，进而导致繁殖能力的差异，使得这些特征被保存或是淘汰。因此，凡是在生存斗争中获胜的个体都是对环境适应性比较强的个体。达尔文把这种在生存斗争中适者生存、不适者淘汰的过程称为自然选择。自然选择则是演化的主要机制，经过自然选择而能够成功生存的现象称为适应。如此，生物种群从低级、简单到高级、复杂不断演化。

图 5-1　达尔文与《物种起源》

达尔文的自然选择学说表明，遗传和变异是决定生物进化的内在因素。遗传是指父代与子代之间，在性状上存在的相似现象；变异是指父代与子代之间，以及子代的个体之间，在性状上存在的差异现象。在生物体内，遗传和变异的关系十分密切。一个生物体的遗传性状往往会发生变异，而变异的性状有的可以遗传。遗传能使生物的性状不断地传送给后代，因此保持了物种的特性；变异能够使生物的性状发生改变，从而适应新的环境而不断地向前发展。

生物的各项生命活动都有它的物质基础，生物的遗传与变异也是这样。根据现代细胞学和遗传学的研究可知，遗传物质的主要载体是染色体，而染色体由基因组成；基因是有遗传效应的片段，它储存着遗传信息，可以被准确地复制，也能够发生突变。生物体自身通过对基因的复制和交叉，使其性状的遗传得到选择和控制。同时，通过基因重组、基因变异和染色体在结构和数目上的变异产生丰富多彩的变异现象。生物的遗传特性，使生物界的物种能够保持相对的稳定；生物的变异特性，使生物个体产生新的性状，以至形成了新的物种，推动了生物的进化和发展。

由于生物在繁殖中可能发生基因交叉和变异，引起了生物性状的连续微弱改变，为外界环境的定向选择提供了物质条件和基础，使生物的进化成为可能。人们正是通过对环境的选择、基因的交叉和变异这一生物演化的迭代过程的模仿，才提出了能够用于求解最优化问题的强鲁棒性和自适应性的遗传算法。生物遗传和进化的规律如下：

1）生物的所有遗传信息都包含在其染色体中，染色体决定了生物的性状，染色体是由基因及其有规律的排列所构成的。

2）生物的繁殖过程是由其基因的复制过程来完成的。同源染色体的交叉或变异会产生新的物种，使生物呈现新的性状。

3）对环境适应能力强的基因或染色体，比适应能力差的基因或染色体有更多的机会遗传到下一代。

5.1.2 遗传算法的理论基础

（1）模式定理

1）模式的定义：模式是描述种群中在位串的某些确定位置上具有相似性的位串子集的相似性模板。

不失一般性，考虑二值字符集 $\{0,1\}$，由此可以产生通常的 0、1 字符串。增加一个符号"*"，称为通配符，即"*"既可以当作"0"，也可以当作"1"。这样，二值字符集 $\{0,1\}$ 就扩展为三值字符集 $\{0,1,*\}$，由此可以产生诸如 0110，0*11**，**01*0 之类的字符串。

基于三值字符集 $\{0,1,*\}$ 所产生的能描述具有某些结构相似性的 0、1 字符串集的字符串，称为模式。这里需要强调的是，"*"只是一个描述符，而并非遗传算法中实际的运算符号，它仅仅是为了描述上的方便而引入的符号。

模式的概念可以简明地描述为具有相似结构特点的个体编码字符串。在引入了模式概念之后，遗传算法的本质是对模式所进行的一系列运算，即通过选择操作将当前群体中的优良模式遗传到下一代群体中，通过交叉操作进行模式的重组，通过变异操作进行模式的突变。通过这些遗传运算，一些较差的模式逐步被淘汰，而一些较好的模式逐步被遗传和进化，最终就可以得到问题的最优解。

多个字符串中隐含着多个不同的模式。确切地说，长度为 L 的字符串，隐含着 $2L$ 个不同的模式，而不同的模式所匹配的字符串的个数是不同的。为了反映这种确定性的差异，引入模式阶的概念。

2）模式阶的定义：模式 H 中确定位置的个数称为该模式的模式阶，记作 $O(H)$。例如，模式 011*1* 的阶数为 4，而模式 0***** 的阶数为 1。显然，一个模式的阶数越高，其样本数就越少，因而其确定性就越高。但是，模式阶并不能反映模式的所有性质。即使具有同阶的模式，在遗传操作下，也会有不同的性质。为此，引入定义距的概念。

3）定义距的定义：在模式 H 中第一个确定位置和最后一个确定位置之间的距离称为该模式的定义距，记作 $D(H)$。

4）模式定理：在遗传算法选择、交叉和变异算子的作用下，具有低阶、短定义距，并且其平均适应度高于群体平均适应度的模式在子代中将呈指数级增长。

模式定理又称为遗传算法的基本定理。模式定理阐述了遗传算法的理论基础，说明了模式的增加规律，同时也对遗传算法的应用提供了指导。根据模式定理，随着遗传算法的一代一代进行，那些定义距短的、位数少的、高适应度的模式将越来越多，因而可期望最后得到的位串的性能将越来越完善，并最终趋向全局的最优点。

模式提供了一种简单而有效的方法，使得能够在有限字符表的基础上讨论有限长位串的严谨定义的相似性，而模式定理从理论上保证了遗传算法是一个可以用来寻求最优可行解的优化过程。

（2）积木块假设 模式定理说明了具有某种结构特征的模式在遗传进化过程中其样本数目将呈指数级增长，这种模式定义为积木块，它在遗传算法中非常重要。

1）积木块定义：具有低阶、短定义距以及高平均适应度的模式称为积木块。

之所以称为积木块，是由于遗传算法的求解过程并不是在搜索空间中逐一地测试各个基因的枚举组合，而是通过一些较好的模式，像搭积木一样，将它们拼接在一起，从而逐渐地构造出适应度越来越高的个体编码串。

模式定理说明了积木块的样本数呈指数级增长，也说明了用遗传算法寻求最优样本的可能性，但它并未指明遗传算法一定能够寻求到最优样本，而积木块假设说明了遗传算法的这种能力。

2）积木块假设：个体的积木块通过选择、交叉、变异等遗传算子的作用，能够相互结合在一起，形成高阶、长距、高平均适应度的个体编码串。

积木块假设说明了用遗传算法求解各类问题的基本思想，即通过基因块之间的相互拼接能够得到问题的更好的解，最终生成全局最优解。

由遗传算法的模式定理可知，具有高适应度、低阶、短定义矩的模式的数量会在种群的进化中呈指数级增长，从而保证了算法获得最优解的一个必要条件。而积木块假设则指出，遗传算法有能力使优秀的模式向着更优的方向进化，即遗传算法有能力搜索到全局最优解。

5.1.3　遗传算法的流程及基本概念

1. 遗传算法的流程

基本遗传算法（也称标准遗传算法、经典遗传算法或简单遗传算法，Simple Genetic Algorithm，SGA），是一种群体型操作，该操作以群体中的所有个体为对象，只使用基本遗传算子，包括选择算子、交叉算子和变异算子，其遗传进化操作过程简单，容易理解，是其他一些遗传算法的基础。它不仅给各种遗传算法提供了一个基本框架，同时也具有一定的应用价值。选择、交叉和变异是遗传算法的 3 个主要操作算子，它们构成了遗传操作，使遗传算法具有了其他优化算法没有的特点。

遗传算法使用群体搜索技术，通过对当前群体施加选择、交叉、变异等一系列遗传操作，从而产生出新一代的群体，并逐步使群体进化到包含或接近最优解的状态。

在遗传算法中，将 n 维决策向量 X 用 n 个记号 x_i (i=1, 2, $\cdots$, n) 所组成的符号串 X 来表示：

$$X= [x_1, x_2, \cdots, x_n]^{\mathrm{T}} \tag{5-1}$$

把每一个 x_i，看作一个遗传基因，它的所有可能取值就称为等位基因。这样，X 就可看作由 n 个遗传基因所组成的一个染色体。一般情况下，染色体的长度是固定的，但对一些问题来说它也可以是变化的。根据不同的情况，这里的等位基因可以是一组整数，也可以是某一范围内的实数，或者是一个纯粹的记号。最简单的等位基因是由 0 或 1 的符号串组成的，相应的染色体就可以表示为一个二进制符号串。这种编码所形成的排列形式是个体的基因型，与它对应的 X 值是个体的表现型。染色体 X 也称为个体 X，对于每一个个体 X，要按照一定的规则确定其适应度。个体的适应度与其对应的个体表现型 X 的目标函数值相关联，X 越接近于目标函数的最优点，其适应度越大；反之，适应度越小。

在遗传算法中，决策向量 X 组成了问题的解空间。对问题最优解的搜索是通过对染色体 X 的搜索过程来完成的，因而所有的染色体 X 就组成了问题的搜索空间。

生物的进化过程主要是通过染色体之间的交叉和染色体基因的变异来完成的。与此相对应，遗传算法中最优解的搜索过程正是模仿生物的这个进化过程，进行反复迭代，第 t 代群体 $P(t)$ 经过一代遗传和进化后，得到第 t+1 代群体 $P(t+1)$。这个群体不断地经过遗传和进化操作，并且每次都按照优胜劣汰的规则将适应度较高的个体更多地遗传到下一代，这样最终在群体中将会得到一个优良的个体 X，以达到或接近于问题的最优解。

遗传算法的运算流程图如图 5-2 所示。具体步骤如下：

1）初始化。设置进化代数计数器 g=0，设置最大进化代数 G，随机生成 N_{P} 个个体作为初始群体 $P(0)$。

2）个体评价。计算群体 $P(t)$ 中各个个体的适应度。

3）选择运算。将选择算子作用于群体，根据个体的适应度，按照一定的规则或方法，选择一些优良个体遗传到下一代群体。

4）交叉运算。将交叉算子作用于群体，对选中的成对个体，以某一概率交换它们之间的部分染色体，产生新的个体。

5）变异运算。将变异算子作用于群体，对选中的个体，以某一概率改变某一个或某一些基因值为其他的等位基因。

6）循环操作。群体 $P(t)$ 经过选择、交叉和变异操作之后得到下一代群体 $P(t+1)$。计算其适应度值，并根据适应度值进行排序，准备进行下一次遗传操作。

7）终止条件判断。若 $g \leqslant G$，则 g=g+1，转到步骤 2）；若 $g > G$，则此进化过程中所得到的具有最大适应度的个体作为最优解输出，终止计算。

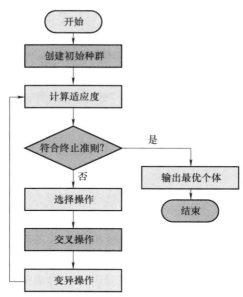

图 5-2   遗传算法的运算流程图

遗传学与遗传算法术语对应关系见表 5-1。部分遗传算法术语在表 5-1 中列出。

表 5-1   遗传学与遗传算法术语对应关系

遗传学术语	遗传算法术语
群体	可行解集
个体	可行解
染色体	可行解的编码
基因	可行解编码的分量
基因形式	遗传编码
适应度	评价函数值
选择	选择操作
交叉	交叉操作
变异	变异操作

2. 遗传算法的基本概念

（1）适应函数   遗传算法将问题空间表示为染色体位串空间，为了执行适者生存的原则，必须对个体位串的适应性进行评价。因此，适应函数（Fitness Function）就构成了个体的生存环境。根据个体的适应值，就可决定它在此环境下的生存能力。一般来说，好的染色体位串结构具有比较高的适应函数值，即可以获得较高的评价，具有较强的生存能力。

由于适应值是群体中个体生存机会选择的唯一确定性指标，所以适应函数的形式直接决定着群体的进化行为。根据实际问题的经济含义，适应值可以是销售收入、利润、市场占有率、商品流通量或机器可靠性等。为了能够直接将适应函数与群体中的个体优劣度相联系，在遗传算法中适应值规定为非负，并且在任何情况下总是希望越大越好。

若用 S^L 表示位串空间，S^L 上的适应值函数可表示为 $f(\cdot)$：$S^L \to \boldsymbol{R}^+$ 函数，为实值，其中 $\boldsymbol{R}^+$ 表示非负实数集合。

对于给定的优化问题 $\mathrm{opt}\, g(x)(x \in [u, v])$，目标函数有正有负，甚至可能是复数值，所以有必要通过建立适应函数与目标函数的映射关系，保证映射后的适应值是非负的，而且目标函数的优化方向应对应于适应值的增大方向。

针对进化过程中关于遗传操作的控制的需要，选择函数变换 $T: g \to f$，使得对于最优解 x^*，有 $\max f(x^*) = \mathrm{opt}(x^*)$ （$x^* \in [u, v]$）。

1）对最小化问题，建立适应函数 $f(x)$ 和目标函数 $g(x)$ 的映射关系如下：

$$f(x) = \begin{cases} c_{\max} - g(x), & g(x) < c_{\max} \\ 0, & \text{其他} \end{cases} \tag{5-2}$$

式中，$c_{\max}$ 可以是一个输入值或是理论上的最大值，也可以是到当前所有代或最近 K 代中 $g(x)$ 的最大值，此时 $c_{\max}$ 随着代数变化而变化。

2）对于最大化问题，一般采用下述方法：

$$f(x) = \begin{cases} g(x) - c_{\min}, & g(x) > c_{\min} \\ 0, & \text{其他} \end{cases} \tag{5-3}$$

式中，$c_{\min}$ 既可以是特定的输入值，也可以是当前所有代或最近 K 代中 $g(x)$ 的最小值。

若 $\mathrm{opt}\, g(x)(x \in [u, v])$ 为最大化问题，且 $\min(g(x)) \geqslant 0(x \in [u, v])$，则仍然需要针对进化过程的控制目标选择某种函数变换，以便于制定合适的选择策略，使得遗传算法获得最大的进化能力和最佳的搜索效果。

（2）遗传操作　遗传操作是优选强势个体的"选择"、个体间交换基因产生新个体的"交叉"、个体基因信息突变而产生新个体的"变异"这三种变换的统称。在生物进化过程中，一个群体中生物特性的保持是通过遗传来继承的。生物的遗传主要是通过选择、交叉、变异三个过程把当前父代群体的遗传信息遗传给下一代（子代）成员。与此对应，遗传算法中最优解的搜索过程也模仿生物的这个进化过程，使用所谓的遗传算子来实现，即选择算子、交叉算子、变异算子。

1）选择算子：根据个体的适应度，按照一定的规则或方法，从第 t 代群体 $P(t)$ 中选择出一些优良的个体遗传到下一代群体 $P(t+1)$ 中。

典型的选择算子有以下 5 类：

① 轮盘赌选择（Roulette Wheel Selection）。轮盘赌选择法是遗传算法中最早提出的一种选择方法，因为它简单实用，所以被广泛采用。它是一种基于比例的选择，利用各个个体适应度所占比例的大小来决定其子代保留的可能性。若某个个体 i 的适应度为 f_i，种群大小为 N_{P}，则它被选取的概率表示为

$$P_i = \frac{f_i}{\sum_{i=1}^{N_{\mathrm{P}}} f_i} (i=1, 2, \cdots, N_{\mathrm{P}}) \tag{5-4}$$

个体适应度越大，则其被选择的机会也越大；反之亦然。为了选择交叉个体，需要进行多轮选择。每一轮产生一个 $[0, 1]$ 内的均匀随机数，将该随机数作为选择指针来确定

被选个体轮盘赌选择算子范例，如图 5-3 所示。

② 锦标赛选择（Tournament Selection）。因算法执行的效率高以及易实现的特点，锦标赛选择算法是遗传算法中最流行的选择方法。此策略在实际应用中的确比基本的轮盘赌选择效果要好些。它的策略也很直观，就是从整个种群中抽取 n 个个体，让他们进行竞争（锦标赛），抽取其中最优的个体。参加锦标赛的个体个数称为锦标赛选择规模。通常 $n=2$ 便是最常使用的大小，也称为二值锦标赛选择。

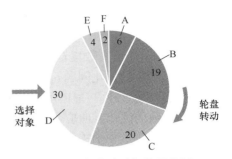

图 5-3　轮盘赌选择算子范例

锦标赛选择的优势包括具有更小的复杂度、易并行化处理、不易陷入局部最优点、不需要对所有的适应度值进行排序处理。

图 5-4 所示为锦标赛选择算子范例，其展示了 $n=3$ 的锦标赛选择的过程。

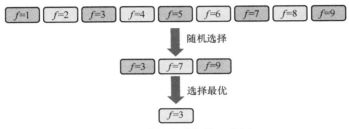

图 5-4　锦标赛选择算子范例

③ 随机遍历抽样（Stochastic Universal Selection）。随机遍历抽样是上述轮盘赌选择的修改版，其使用相同的轮盘，比例相同，但采用多个选择点，只旋转一次转盘就可以同时选择所有个体。该选择方法可以防止个体被过分反复选择，从而避免了具有特别高适应度的个体垄断下一代。因此，这种方法为较低适应度的个体提供了被选择的机会，进而减少了轮盘赌选择方法的不公平问题。

④ 无回放随机选择（Local Selection）。无回放随机选择（也称期望值选择）根据每个个体在下一代群体中的生存期望来进行随机选择运算。方法如下：

a. 计算群体中每个个体在下一代群体中的生存期望数目 N。

b. 若某一个体被选中参与交叉运算，则它在下一代中的生存期望数目减去 0.5；若某一个体未被选中参与交叉运算，则它在下一代中的生存期望数目减去 1.0。

c. 随着选择过程的进行，若某一个体的生存期望数目小于 0，则该个体就不再有机会被选中。

⑤ 截断选择（Truncation Selection）。截断选择是一种简单的选择方法，它将种群中的个体按照适应度数值排序，然后选择适应度最高的个体作为下一代。这种方法简单易行，但它可能会导致种群多样性的丧失，因为适应度较低的个体完全没有机会遗传给下一代。

2）交叉算子：将群体 $P(t)$ 中选中的各个个体随机搭配，对每一对个体，以某一概率（交叉概率 P_C）交换它们之间的部分染色体。通过交叉操作，遗传算法的搜索能力得以大幅提高。

交叉操作的步骤：首先，从交配池中随机取出要交配的一对个体；然后，根据位串长度 L，对要交配的一对个体，随机选取 $[1, L-1]$ 中的一个或多个整数 k 作为交叉位置；最后，根据交叉概率 P_C 实施交叉操作，配对个体在交叉位置处，相互交换各自的部分基因，从而形成新的一对个体。

交叉算子可以分为以下 4 类，几种交叉算子的操作实例如图 5-5 所示。

① 单点交叉，该算子在配对的染色体中随机选择一个交叉位置，然后在该交叉位置对配对的染色体进行基因位变换。在实际应用中，使用率最高的是单点交叉算子。

② 双点交叉或多点交叉，即对配对的染色体随机设置两个或者多个交叉点，然后进行交叉运算，改变染色体基因序列。

③ 均匀交叉，即配对的染色体基因序列上的每个位置都以等概率进行交叉，以此组成新的基因序列。

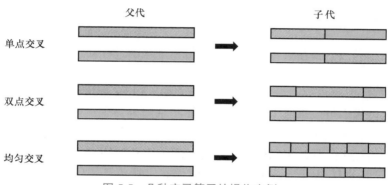

图 5-5　几种交叉算子的操作实例

④ 算术交叉，是指两个个体的线性组合产生出两个新的个体，为了能够进行线性组合运算，算术交叉的操作对象一般是由浮点数编码所表示的个体。

设 X_A^t 和 X_B^t 之间做算术交叉，则交叉后的新个体为

$$\begin{cases} X_A^{t+1}=\alpha X_B^t+(1-\alpha)X_A^t \\ X_B^{t+1}=\alpha X_A^t+(1-\alpha)X_B^t \end{cases} \tag{5-5}$$

其中，当 α 为常数时，此时进行的算术交叉称为均匀算术交叉；当 α 为由进化代数所决定的变量时，此时进行的算术交叉称为非均匀算术交叉。

操作过程如下：

a. 确定两个个体进行线性组合时的系数 α。

b. 依据式（5-5）进行交叉操作产生新个体。

3）变异算子：对群体中的每个个体，以某一概率（变异概率 P_M）将某一个或某一些基因座上的基因值改变为其他的等位基因值。根据个体编码方式的不同，变异方式可分为二进制变异、实值变异。对于二进制变异，对相应的基因值取反；对于实值变异，对相应的基因值用取值范围内的其他随机值替代。

变异操作的一般步骤：首先，对种群中所有个体按事先设定的变异概率判断是否进行变异；然后，对进行变异的个体随机选择变异位进行变异。

（3）群体规模　群体规模将影响遗传优化的最终结果以及遗传算法的执行效率。当群体规模 N_P 太小时，遗传优化性能一般不会太好。采用较大的群体规模可以减小遗传算法陷入局部最优解的概率，但较大的群体规模意味着计算复杂度较高。一般 N_P 取 10~200。

（4）交叉概率　交叉概率 P_c 控制着交叉操作被使用的频度。较大的交叉概率可以增强遗传算法开辟新的搜索区域的能力，但高性能的模式遭到破坏的可能性增大；若交叉概率太小，遗传算法搜索可能陷入迟钝状态。一般 P_c 取 0.25~1.00。

（5）变异概率　变异在遗传算法中属于辅助性的搜索操作，它的主要目的是保持群体的多样性。一般低频度的变异可防止群体中重要基因的丢失，高频度的变异将使遗传算法趋于纯粹的随机搜索。一般 P_M 取 0.001~0.1。

（6）遗传运算的终止进化代数　终止进化代数 G 是表示遗传算法运行结束条件的一个参数，它表示遗传算法运行到指定的进化代数之后就停止运行，并将当前群体中的最佳个体作为所求问题的最优解输出。一般视具体问题而定，G 的取值可在 100~1000 之间。

5.1.4　遗传算法的特点

遗传算法是模拟生物在自然环境中的遗传和进化的过程而形成的一种并行、高效、全局搜索的方法。它主要有以下特点：

1）遗传算法以决策变量的编码作为运算对象。这种对决策变量的编码处理方式，使得在优化计算过程中可以借鉴生物学中染色体和基因等概念，模仿自然界中生物的遗传和进化等的机理，方便地应用遗传操作算子。特别是对一些只有代码概念而无数值概念或很难有数值概念的优化问题，编码处理方式更显示出了其独特的优越性。

2）遗传算法直接以目标函数值作为搜索信息。遗传算法仅使用由目标函数值变换来的适应度函数值，就可确定进一步的搜索方向和搜索范围，而不需要目标函数的导数值等其他一些辅助信息。实际应用中很多函数无法或很难求导，甚至根本不存在导数，对于这类目标函数的优化和组合优化问题，遗传算法就显示了其高度的优越性，因为它避开了函数求导这个障碍。

3）遗传算法同时使用多个搜索点的搜索信息。遗传算法对最优解的搜索过程，是从一个由很多个体所组成的初始群体开始的，而不是从单一的个体开始的。对这个群体所进行的选择、交叉、变异等运算，产生出新一代的群体，其中包括了很多群体信息。这些信息可以避免搜索一些不必搜索的点，相当于搜索了更多的点，这是遗传算法所特有的一种隐含并行性。

4）遗传算法是一种基于概率的搜索技术。遗传算法属于自适应概率搜索技术，其选择、交叉、变异等运算都是以一种概率的方式来进行的，从而增加了其搜索过程的灵活性。虽然这种概率特性也会使群体中产生一些适应度不高的个体，但随着进化过程的进行，新的群体中总会更多地产生出优良的个体。与其他一些算法相比，遗传算法的鲁棒性使得参数对其搜索效果的影响尽可能小。

5）遗传算法具有自组织、自适应和自学习等特性。当遗传算法利用进化过程获得信息自行组织搜索时，适应度大的个体具有较高的生存概率，并获得更适应环境的基因结构。同时，遗传算法具有可扩展性，易于同别的算法相结合，生成综合双方优势的混合算法。

5.1.5　遗传算法的优缺点

（1）遗传算法的优点

1）适用范围广：遗传算法可以用于许多优化问题，包括函数优化、组合优化、图形优化、机器学习等。

2）并行处理能力强：由于遗传算法的各个个体之间可以独立演化，因此可以很容易地并行处理，加快算法的收敛速度。

3）全局搜索能力强：遗传算法能够在解空间中搜索全局最优解，即使搜索空间非常大、非线性或存在多个局部最优解，也可以在一定程度上避免陷入局部最优解的情况。

4）灵活性高：遗传算法具有良好的可扩展性，可以通过引入新的操作符、调整参数等方式来提高算法性能。

5）对约束条件适应性强：遗传算法能够通过适当的编码方式和适应度函数来处理约束条件，从而使优化问题具有更好的可行性。

（2）遗传算法的缺点

1）参数设置比较困难：遗传算法需要设置许多参数，如种群大小、交叉概率、变异概率等，这些参数的选择对算法的性能影响较大，因此需要花费一定的时间和精力进行调参。

2）需要计算适应度函数：遗传算法的效果直接取决于适应度函数的质量，而计算适应度函数的成本较高，这也是遗传算法效率较低的原因之一。

3）可能陷入局部最优解：尽管遗传算法能够全局搜索最优解，但在搜索空间比较复杂的情况下，遗传算法也有可能陷入局部最优解，这时需要一些优化措施，例如引入更多的交叉和变异操作，来提高算法的多样性和搜索能力。

总的来说，遗传算法具有全局搜索能力强、适用范围广、灵活性高等优点，但需要花费一定的时间和精力进行参数调优，并且在某些情况下容易陷入局部最优解。因此，在具体应用时需要根据具体情况选择合适的优化算法。

5.2　遗传算法的发展历程

5.2.1　遗传算法的兴起

Holland 的早期工作主要集中于生物学、社会学、控制工程、人工智能等领域中的一类动态系统的适应性问题（Adaptation），其中适应性概念描述了在环境中表现出较好行为和性能的系统结构的渐进改变过程，简称系统的适应过程。Holland 认为，通过简单的模拟机制可以描述复杂的适应性现象。因此，Holland 试图建立适应过程的一般描述模型，并在计算机上开展模拟试验研究，分析自然系统或者人工系统对环境变化的适应性现象，其中遗传算法仅仅是一种具体的算法形式。

Bremermann 和 De Jong 等人则注重将遗传算法应用于参数优化问题，极大地促进了遗传算法的应用。所以，遗传算法既是一种自然进化系统的计算模型，也是一种通用的求解优化问题的适应性搜索方法。

从整体上来讲，遗传算法是进化算法中产生最早、影响最大、应用也比较广泛的一个研究方向和领域，它不仅包含了进化算法的基本形式和全部优点，同时还具备若干独特的特征。

1）在求解问题时，遗传算法首先要选择编码方式，它直接处理的对象是参数的编码集而不是问题参数本身，搜索过程既不受优化函数连续性的约束，也没有优化函数导数必须存在的要求。通过优良染色体基因的重组，遗传算法可以有效地处理传统上非常复杂的优化函数求解问题。

2）若遗传算法在每一代对群体规模为 n 的个体进行操作，实际上处理了大约 $O(n^3)$ 个模式，具有很高的并行性，因而具有很高的搜索效率。

3）在所求解问题为非连续、多峰以及有噪声的情况下，能够以很大的概率收敛到最优解或满意解，因而具有较好的全局最优解求解能力。

4）对函数的性态无要求，针对某一问题的遗传算法经简单修改即可用于其他问题，或者加入特定问题的领域知识，或者与已有算法相结合，能够较好地解决一类复杂问题，因而具有较好的普适性和易扩充性。

5）遗传算法的基本思想简单，运行方式和实现步骤规范，便于具体使用。

鉴于遗传算法具有上述特征，遗传算法一经提出即在理论上引起了高度重视，并在实际工程技术和经济管理领域得到了广泛应用，产生了大量的成功案例。

1962 年，Holland 在"Outline for a Logical Theory of Adaptive Systems"一文中，提出了所谓监控程序（Supervisory Programs）的概念，即利用群体进化模拟适应性系统的思想。他注意到在建立智能机器的研究中，不仅可以完成单个生物体的适应性改进，而且通过一个种群的许多代的进化也可以取得非常好的适应性效果。为了获得一个好的学习方法，仅靠单个策略的改进是不够的，采用多策略的群体繁殖往往能产生显著的学习效果。尽管他当时没有给出实现这些思想的具体技术，但引进了群体、适应值、选择、变异、交叉等基本概念。1966 年，Fogel 等人也提出了类似的思想，但其重点是放在变异算子而不是交叉算子上。1967 年，Holland 的学生 J.D.Bagley 通过对跳棋游戏参数的研究，在其博士论文中首次提出"遗传算法"一词。

5.2.2 遗传算法的发展

Holland 以二进制字符集 {0, 1} 构成的代码串表示实际问题的描述结构或参数，并将其称为"染色体"（Chromosome）。对这些"染色体"进行变换，利用"染色体"中所包含的信息决定新一代"染色体"，并最终得到问题的解。这种方法对所要解决的问题类型几乎没有限制，所需要的信息只是每个染色体的评价值。这种使用简单编码和选择机制的算法能够解决相当复杂的问题，并且解决实际问题时不需要该领域的专门知识。通过对这些简单的染色体进行迭代处理，从这些染色体中发现并保存好的染色体，进而逐步发现问题的最优解，这些思想就是遗传算法理论的雏形。

同时，Fraser 采用计算机模拟自然遗传系统，于 1962 年提出了和现在的遗传算法十分相似的概念与思想。但是，Fraser 和其他一些学者并未认识到自然遗传方法可以转化为人工遗传算法。

在 20 世纪 60 年代中期至 20 世纪 70 年代末期，基于自然进化的思想遭到怀疑和反对，但 Holland 及其数位博士仍坚持这一方向的研究。在 Holland 发表论文后的十余年中，从事遗传算法研究的论文开始慢慢出现。大多数研究都集中在美国 Michigan 大学的 Holland 及其学生当中。因此，遗传算法研究中的大多数著名学者都曾经是 Michigan 大学的学生，如 David E.Goldberg、Kenneth A.De Jong、John R.Koza、Stepanie Forrest 等。1975 年，Holland 出版了专著《自然与人工系统中的适应性行为》（*Adaptation in Natural and Artificial Systems*），该书系统地阐述了遗传算法的基本理论和方法，提出了对遗传算法的理论发展极为重要的模式理论（Schema Theory），其中首次确认了选择、交叉和变异等遗传算子，以及遗传算法的隐并行性，并将遗传算法应用于适应性系统模拟、函数优化、机器学习、自动控制等领域。

另外，Daniel J.Cavicchio 的博士论文中探讨了一组实验，将基于整数编码的遗传算法应用于模式识别问题，研究了保持群体差异性的选择策略。De Jong 在其博士论文研究中首次把遗传算法用于函数优化问题，并对遗传算法的机理与参数设计问题进行了较为系统的研究。De Jong 深入全面地研究了模式定理和遗传算子的行为，将其与自己的大量实验工作相结合，建立了著名的五函数测试平台。通过实验，他给出了如下结论：①初始群体容量越大，离线性能越好，但在线性能的初始值较差；②变异可以降低某些基因的丢失机会，提高变异概率，能避免成熟前收敛，但降低了在线性能；③交叉概率越大，群体中新结构的产生越快，当交叉概率等于 0.6 时，在线性能与离线性能都较好。

1975 年之后，遗传算法作为函数优化器（Function Optimizers）不但在各个领域得到广泛应用，而且还丰富和发展了若干遗传算法的基本理论。1980 年，Bethke 对函数优化 GA 进行了研究，包括应用研究和数学分析。Smith 在 1980 年首次提出使用变长位串的概念，这在某种程度上为以后的遗传规划奠定了基础。Goldberg、Davis、Grefenstette、Bauer、Srinivas 和 Patnaik 等大批研究人员对遗传算法理论的基本框架和遗传算子进行了构建和改进，并将遗传算法分别应用于工程设计、自动控制、经济金融、博弈问题、机器学习等诸多领域之中。

1989 年，David Goldberg 出版了 *Genetic Algorithms in Search，Optimization and Machine Learning* 一书，这是第一本遗传算法教科书，是对当时关于遗传算法领域研究工作的全面而系统的总结，因而也成为引用最多的参考书之一。与 Holland 的著作侧重于适应性系统的进化数学分析不同，该书将遗传算法的基本原理与范围广泛的应用实例相结合，并给出了大量可以使用的应用程序。1991 年，Davis 编辑出版了 *Handbook of Genetic Algorithms*，其中包括了 GA 在工程技术和社会生活中的大量应用实例。

John R.Koza 将遗传算法用于处理不定长树形字符串或一组程序，提出了遗传规划（Genetic Programming，GP）的概念。树状表示方法是 Koza 于 1989 年首次提出的，这种表示方法的主要特点之一就是染色体结构是动态变化的层次结构，它受环境影响而改变，因而对问题的表示更加自然。该方法是一种与领域无关的自适应搜索解空间的有效算法。通过增加染色体结构的复杂性，它拓宽了传统遗传算法的应用范围。Koza 认为不同领域中许多看起来不相同的问题都可看成寻找一定的计算机程序问题，即许多不同领域的问题都可形式化为程序归纳问题，而遗传规划提供了实现程序归纳的方法，如公式、规划（Plan）、控制策略、计算程序、模型（Model）、决策树、对策策略（Game-Playing

Strategy）、转换函数、数学表达式等都称为计算机程序。1992 年，Koza 出版了第一本遗传规划专著 *Genetic Programming*，两年之后又出版了第二本关于遗传规划的专著。Koza 虽然尚未建立遗传规划的完整理论体系，但他通过大量的实验说明了遗传规划能够成功地解决一类复杂问题，为基于符号表示的函数学习问题增添了一个强有力的工具。

随着遗传算法研究和应用的不断深入与扩展，1985 年，在美国召开了第一届遗传算法国际会议，即 ICGA（International Conference on Genetic Algorithm）。这次会议是遗传算法发展的重要里程碑，之后此会每隔一年举行一次。从 1999 年起，ICGA 和 GP（Genetic Programming Society）的系列会议合并为每年一次的遗传和进化国际会议（Genetic and Evolutionary Computation Conference，GECCO）。

在欧洲，从 1990 年开始也每隔一年举办一次类似的会议，即 PPSN（Parallel Problem Solving from Nature）会议。以遗传算法理论基础为中心的学术会议 FOGA（Foundation of Genetic Algorithm）也从 1990 年起每隔一年举办一次。

5.2.3　遗传算法的改进

标准遗传算法的主要本质特征在于群体搜索策略和简单的遗传算子，这使得遗传算法获得了强大的全局最优解搜索能力、问题域的独立性、信息处理的并行性、应用的鲁棒性和操作的简明性，从而成为一种具有良好适应性和可规模化的求解方法。但大量的实践和研究表明，标准遗传算法存在局部搜索能力差和"早熟"等缺陷，不能保证算法收敛。

在现有的许多文献中出现了针对标准遗传算法的各种改进算法，并取得了一定的成效。它们主要集中在对遗传算法的性能有重大影响的 6 个方面：编码机制、选择策略、交叉算子、变异算子、特殊算子和参数设计（包括群体规模、交叉概率、变异概率）等。

此外，遗传算法与差分进化算法、免疫算法、蚁群算法、粒子群算法、模拟退火算法、禁忌搜索算法、神经网络算法和量子计算等结合起来所构成的各种混合遗传算法，可以综合遗传算法和其他算法的优点，提高运行效率和求解质量。

5.3　遗传算法在旅行商问题中的应用举例

旅行商问题（TSP）是一种典型的组合优化问题，在实际生活和工程中具有广泛的应用。它要求寻找一条路径，使得旅行商从起点出发，每个城市仅经过一次，最终回到起点，并且总路径长度最短。然而，随着城市数量的增加，问题的复杂度呈指数级增长，传统的精确求解方法在实际中往往不够高效。而遗传算法作为一种启发式搜索算法，通过模拟自然进化过程，可以有效地解决 TSP 这类问题。

遗传算法在 TSP 中应用广泛，包括但不限于以下几个方面。

1）物流规划：在物流领域，企业需要规划货物的最优配送路线，使得货物能够在最短的时间内被送达至客户手中。TSP 提供了一个合适的数学模型，遗传算法可以用于求解这类问题，优化配送路径，降低成本。

2）巡回销售员问题：销售员需要在多个客户之间进行拜访，以尽量减少行程时间和成本，同时提高工作效率。遗传算法可以帮助销售员规划最佳的拜访路线，使得销售员的工作更加高效。

3）电路板布线：在电路板布线中，需要设计一个最佳的线路，以减少电路板上的连接距离，从而降低电路板的成本和复杂度。TSP 可以被用来建模这类问题，并且遗传算法能够找到较优的布线方案。

4）DNA 测序：在生物信息学中，遗传算法可用于优化 DNA 测序的顺序，以尽量减少读取 DNA 片段的成本和时间。通过将 DNA 测序问题转化为 TSP，并应用遗传算法进行求解，可以提高测序的效率。

1. 应用方法

遗传算法是一种启发式优化算法，通常包括以下关键步骤。

1）初始化种群：随机生成初始的候选解（路径），构成初始种群。

2）评估适应度：对种群中的每个个体（路径）计算适应度，即路径长度。

3）选择：根据适应度选择一定数量的个体作为父代，用于繁殖下一代。

4）交叉：对选出的父代个体进行交叉操作，产生新的个体（子代）。

5）变异：对新生成的个体进行变异操作，增加种群的多样性。

6）替换：用新生成的个体替换原种群中的一部分个体，形成新一代种群。

7）重复迭代：重复进行选择、交叉、变异和替换操作，直至达到停止条件。

2. 具体应用步骤

遗传算法在解决 TSP 时，具体的应用步骤不仅仅包括基本的初始化种群、评估适应度、遗传操作和迭代优化，还涉及一系列细致的步骤和技巧。下面将对这些步骤进行拓展，以便更全面地理解遗传算法在 TSP 中的应用。

（1）问题建模与数据准备　在开始应用遗传算法解决 TSP 之前，首先需要对问题进行建模，并准备好相关的数据。建模的过程包括确定城市之间的距离或成本，通常使用城市之间的欧氏距离或其他距离度量。数据准备的过程包括收集城市坐标、距离矩阵等相关信息，并将其转化为算法可以处理的格式。

（2）初始种群的生成　生成初始种群是遗传算法的第一步，初始种群的好坏直接影响了算法的收敛速度和解的质量。除了随机生成初始路径外，还可以采用启发式算法（如最近邻法、最小生成树法）生成初始路径，以提高种群的质量。

（3）适应度函数的设计　适应度函数用于评估每个个体（路径）的优劣程度，通常是路径长度越短，适应度越高。除了简单地将路径长度作为适应度外，还可以引入惩罚项（如违反约束的惩罚）或其他启发式评价指标（如路径的连续性、平滑性等），以提高算法的搜索效率。

（4）选择操作的改进　选择操作决定了哪些个体将被选为父代，直接影响了种群的多样性和收敛速度。除了常见的轮盘赌选择方法外，还可以采用其他选择策略（如锦标赛选择、随机选择等）来提高算法的鲁棒性和全局搜索能力。

（5）交叉和变异操作的优化　交叉和变异是遗传算法的核心操作，通过交叉和变异可以产生新的个体，增加种群的多样性。在 TSP 中，可以采用不同的交叉和变异策略（如部分映射交叉、顺序交叉、交换变异等），并根据问题的特点和约束条件进行相应的优化和改进。

（6）精英保留策略　精英保留策略是指在遗传算法的迭代过程中保留一定数量的最优

个体，防止优秀解的丢失，从而加速算法的收敛过程。在 TSP 中，可以定期更新种群，并保留一定数量的最优个体，以保证算法朝着更优解的方向发展。

（7）参数调优与收敛判断　遗传算法中有许多参数需要调优，如种群大小、交叉概率、变异概率等。通过对这些参数进行调优，可以提高算法的性能和收敛速度。同时，还需要设计有效的收敛判断标准，以判断算法是否达到停止条件，如最大迭代次数、种群适应度的变化情况等。

（8）并行化与优化加速　为了提高算法的计算效率和处理能力，可以采用并行化和优化加速的技术。通过将算法的不同部分进行并行化处理，可以加速算法的运行速度，降低求解时间。同时，还可以利用硬件加速（如 GPU 加速、分布式计算等）来进一步提高算法的效率和性能。

3. 应用意义和挑战

遗传算法在 TSP 中的应用具有重要的意义，同时也面临着一系列挑战。下面将对其应用意义和挑战进行介绍。

（1）应用意义

1）高效求解复杂问题：TSP 属于 NP 难题（多项式复杂程度的非确定性问题），传统的精确求解方法往往难以应对大规模问题。遗传算法作为一种启发式优化算法，具有较强的全局搜索能力和适应性，能够在合理的时间内找到近似最优解，有效应对复杂问题的求解。

2）广泛应用于实际场景：TSP 在现实生活和工程中有着广泛的应用，如物流规划、交通路线优化、生产排程、网络设计等。遗传算法能够帮助优化这些问题的解决方案，提高资源利用率、降低成本开销、提升效率和服务质量。

3）灵活性和可扩展性：遗传算法具有较高的灵活性和可扩展性，可以根据问题的特点和需求进行定制和优化。通过调整算法的参数和策略，可以适应不同规模和复杂度的问题求解，具有较强的适应性和通用性。

4）探索解空间：遗传算法不仅能够找到最优解，还能够探索解空间中的多个局部最优解，为决策提供多样化的选择。这对于多目标优化和决策支持具有重要意义，有助于找到更全面和多样化的解决方案。

（2）挑战

1）局部最优解：遗传算法容易陷入局部最优解，特别是在复杂的问题中，存在多个局部最优解时更为明显。解决方法包括增加种群的多样性、引入随机因素等。

2）参数调优：遗传算法有许多参数需要调优，如种群大小、交叉概率、变异概率等，不同的参数设置会影响算法的性能和收敛速度。需要通过实验和经验来确定最佳参数组合。

3）收敛速度：遗传算法在求解复杂问题时往往需要大量的迭代次数，收敛速度较慢。优化方法包括改进交叉和变异操作、引入局部搜索等技术来加速收敛过程。

4）问题约束和实时性：实际问题往往存在各种约束条件，如时间窗口、容量限制等，这增加了问题的复杂度。同时，一些问题需要实时求解，要求算法具有较高的实时性和响应速度。

5）规模扩展性：随着问题规模的增加，遗传算法的求解时间和内存消耗也会增加，限制了其在大规模问题上的应用。因此，需要研究并行化和分布式算法等技术，提高算法的规模扩展性和计算效率。

6）多样性保持：种群的多样性对于算法的搜索性能至关重要，但过早的收敛和种群过度聚集会导致多样性丧失。需要设计合适的操作来保持种群的多样性，如多样性保持策略和种群调节机制等。

4. 解决方法与技术

1）多样性保持策略：引入精英保留策略、多样性保持机制等，避免种群陷入局部最优解，保持种群的多样性和鲁棒性。

2）算法优化与改进：不断改进和优化遗传算法的交叉、变异、选择等操作，提高算法的搜索效率和收敛速度。

3）参数自适应调整：引入参数自适应调整机制，根据算法的运行状态和问题的特点动态调整参数，提高算法的鲁棒性和适应性。

4）并行化与分布式计算：利用并行化和分布式计算技术，加速算法的运行速度，提高处理能力和规模扩展性。

5）混合算法与元启发式方法：将遗传算法与其他优化算法结合，形成混合算法或采用元启发式方法，利用各种算法的优势互补，提高问题求解的效率和质量。

6）问题约束的处理：设计有效的约束处理机制，如罚函数法、修复操作等，保证算法在满足约束条件的前提下进行优化。

5. 遗传算法求解 TSP 的 Python 实现

首先，需要导入必要的库：

```
import numpy as np
import random
```

然后，定义 TSP 的一些参数和函数。假设一些城市的坐标，通过欧氏距离来计算城市之间的距离。还需要定义一些遗传算法的参数，如种群大小、交叉概率、变异概率等。

编程代码如下：

```
# 城市坐标
cities = np.array ( [ [0, 0], [1, 2], [3, 1], [5, 2], [6, 0]])


# 计算城市之间的距离矩阵
def compute_distance_matrix ( cities ):
    num_cities = len ( cities )
    distance_matrix = np.zeros ( ( num_cities, num_cities ))
    for i in range ( num_cities ):
        for j in range ( num_cities ):
            distance_matrix [i] [j] = np.linalg.norm ( cities [i] - cities [j])
    return distance_matrix


# 适应度函数：计算路径长度
```

代码

```python
def fitness (path, distance_matrix):
    total_distance = 0
    for i in range (len (path) -1):
        total_distance += distance_matrix [path [i]] [path [i+1]]
    total_distance += distance_matrix [path [-1]] [path [0]]    # 回到起点
    return total_distance

# 初始化种群
def initialize_population (population_size, num_cities):
    population = [ ]
    for _ in range (population_size):
        individual = list (range (num_cities))
        random.shuffle (individual)
        population.append (individual)
return population

# 选择操作：轮盘赌选择
def selection (population, fitness_values):
    total_fitness = sum (fitness_values)
    probabilities = [fitness_value/total_fitness for fitness_value in
fitness_values]
    selected_indices = np.random.choice (len (population), size=len
(population), p=probabilities)
    return [population [i] for i in selected_indices]

# 交叉操作：部分映射交叉（PMX）
def crossover (parent1, parent2):
    size = len (parent1)
    child1, child2 = [None] *size, [None] *size

    # 选择交叉点
    start, end = sorted (random.sample (range (size), 2))

    # 复制交叉段
    child1 [start: end] = parent1 [start: end]
    child2 [start: end] = parent2 [start: end]

    # 处理未映射的部分
    for i in range (size):
```

```
        if i<start or i>=end:
            index = ( i + end ) %size
            while parent1 [ index ] in child1 [ start: end ]:
                index = parent2.index ( parent1 [ index ])
            child1 [ i ] = parent1 [ index ]

            index = ( i + end ) %size
            while parent2 [ index ] in child2 [ start: end ]:
                index = parent1.index ( parent2 [ index ])
            child2 [ i ] = parent2 [ index ]

    return child1, child2

# 变异操作: 交换变异
def mutation ( individual ):
    size = len ( individual )
    indices = random.sample ( range ( size ), 2 )
individual [ indices [ 0 ]], individual [ indices [ 1 ]] = individual
[ indices [ 1 ]], individual [ indices [ 0 ]]
```

资料

科学家科学史
"两弹一星"功勋科
学家: 杨嘉墀

第 **6** 章

模糊控制基础

课程视频   PPT 课件

6.1 模糊控制的基本概念与发展历程

随着科学技术的发展，各领域控制系统日益复杂多变，对系统稳定性、响应速度和控制精度等要求也越来越高。然而，实际应用中，人们很难用数学模型对复杂系统进行精确控制。例如存在难以用一般物理学规律描述多参数交叉耦合影响等问题。另外，某些特定生产过程中缺乏适当的测试手段，也会导致生产过程的数学模型无法建立。例如建材生产中的回转窑、轻工生产中的造纸过程、食品生产中的发酵过程、钢铁生产中的退火和冶炼等温度控制过程，此类过程的变量较多，控制过程具有较强的非线性、时变性和耦合干扰性，过程机理错综复杂。对于此类被控对象和控制过程，传统控制方法的效果往往不如经验丰富的操作人员的手动控制。这是因为，人脑有能力对模糊事物进行识别与判决，以模糊手段进行精确控制。操作人员通过不断学习、积累经验来实现对被控对象的控制，这些经验包括对被控对象特征的了解、在各种情况下相应的控制策略及性能指标的判断。人的经验信息通常是以自然语言的形式表达的，其特点是定性地描述，所以具有模糊性。由于这种特性使得人们无法用现有的定量控制理论对这些信息进行处理，因此需要探索出新的理论与方法。

6.1.1 模糊控制的基本概念

模糊控制（Fuzzy Control）是指模糊逻辑与理论在控制领域上的应用。它用语言变量代替数学变量或两者结合应用，用模糊条件语句来刻画变量间的函数关系，用模糊算法来刻画复杂关系，是具备模拟人类学习和自适应能力的一类控制系统。

模糊控制具有如下优点：

1）不必预先知道被控对象的精确数学模型。

2）容易学习和掌握，控制规则是人为经验总结，以条件语句的形式进行表示。

3）有利于人机对话和系统知识处理，以人类语言的形式表示控制知识，控制逻辑更加接近于人类思维。

这些优点使得在很多工业控制中，熟练工人的经验可以直接应用。与常规的控制系统比较，模糊控制系统可以解决更复杂的控制问题。

6.1.2 模糊控制的发展历程

　　模糊集合理论由美国控制理论专家扎德于 1965 年首次提出，从而开启了模糊数学及其应用的新纪元。1973 年，扎德继续丰富和发展了模糊集合理论，提出把逻辑规则语言转化成控制量的思想，从而奠定了模糊控制的理论基础。模糊集合理论的诞生，为处理客观世界中存在的一类模糊性问题提供了有力的工具，同时，也适应了自适应科学发展的迫切需要。正是在这种背景下，作为模糊数学一个重要应用分支的模糊控制理论便应运而生了。

　　模糊集理论在控制领域里的应用开始于 1974 年。英国科学家曼丹尼首次将模糊集理论应用于锅炉和蒸汽机的控制系统中，开辟了模糊集理论应用的新领域。这一开拓性的工作，标志着模糊控制论的诞生。1975 年以后，产生了许多模糊理论应用的例子。其中比较典型的有热交换过程的控制、暖水工厂的控制、污水处理过程的控制、交通路口的控制、水泥窑的控制、飞船飞行的控制、机器人的控制、汽车速度的控制、水质净化的控制、电梯的控制，以及家电产品的控制，并且生产出了专用的模糊芯片和模糊计算机。从 1979 年开始，我国也开展了模糊控制理论及其应用方面的研究工作。至今，世界上研究"模糊"的学者已过万人，研究范围从单纯的模糊数学到模糊理论应用、模糊系统及其硬件集成。与知识工程和控制方面有关的研究方向主要包括模糊建模理论、糊序列、模糊识别、模糊知识库、模糊语言规则、模糊近似推理等。

　　最近几年，对于经典模糊控制系统稳态性能的改善、模糊集成控制、模糊自适应控制、专家模糊控制与多变量模糊控制的研究，特别是针对复杂系统的自学习与参数或规则自调整模糊系统方面的研究，尤其受到各国学者的重视。目前，人们将神经网络和模糊控制技术相结合，取长补短，形成一种模糊神经网络技术，由此可以设计更接近于人脑的智能信息处理系统，其发展前景十分广阔。

6.2　模糊控制理论基础

6.2.1 模糊控制的原理

1. 基本思想

　　原始的生产过程控制为手动控制，即通过眼 - 脑 - 手之间的相互配合，实现加工过程的观察 - 决策 - 调整，从而完成整个生产过程。随着科学和技术的进步，逐渐采用如测量仪表、传感器等测量装置完成对被控量的观测；利用如磁放大器，PID（比例积分微分）调节器等控制器部分地取代人脑的比较、综合和决策；使用如伺服电动机、气动调节阀等执行机构对被控对象（或生产过程）施加某种控制作用，起到人手的调整作用。上述由测量装置、控制器、被控对象及执行机构组成的自动控制系统，就是我们所熟知的常规负反馈控制系统。图 6-1 所示为负反馈控制的系统框图。

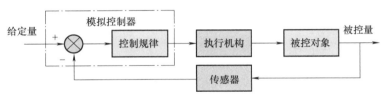

图 6-1　负反馈控制的系统框图

经过人们长期研究和实践形成的经典控制理论，对于解决线性定常系统的控制问题是很有效的。然而，经典控制理论对于非线性时变系统难以奏效。随着计算机尤其是微型计算机（微机）的发展和应用，自动控制理论和技术得到飞跃的发展。基于状态变量描述的现代控制理论对于解决线性或非线性、定常或时变的多输入多输出系统问题，得到了广泛的应用，例如在阿波罗登月舱的姿态控制、宇宙飞船和导弹的精密制导以及在工业生产过程控制等方面得到了成功的应用。但是，无论采用经典控制理论还是现代控制理论设计一个控制系统，都需要事先知道被控制对象（或生产过程）精确的数学模型，然后根据数学模型以及给定的性能指标，选择适当的控制规律，进行控制系统设计。然而，在许多情况下被控对象（或生产过程）的精确数学模型很难建立。例如，有些对象难以用一般的物理和化学方面的规律来描述，有的影响因素很多，而且相互之间又有交叉耦合，使其模型十分复杂，难于求解以至于没有实用价值。还有一些生产过程缺乏适当的测试手段，或者测试装置不能进入被测试区域，致使无法建立生产过程的数学模型。例如，建材工业生产中的水泥窑、玻璃窑，化工生产中的化学反应过程，轻工生产中的造纸过程，食品工业生产中的各种发酵过程，还有为数众多的炉类，如炼钢炉的冶炼过程、退火炉温控制过程、工业锅炉的燃烧过程等。诸如此类的过程的变量多，各种参数又存在不同程度的时变性，且过程具有非线性、强耦合等特点，因此建立这一类过程的精确数学模型困难很大，甚至无法建立。这样一来，对于这类对象或过程就难以进行自动控制。

与此相反，对于上述难以自动控制的一些生产过程，有经验的操作人员进行手动控制却可以得到令人满意的效果。在这样的事实面前，人们又重新研究和考虑人的控制行为有什么特点，能否让计算机模拟人的思维方式，对无法构造数学模型的对象进行控制决策。

模糊数学的创始人、著名的控制论专家扎德举过一个停车问题的例子，非常富有启发性。所谓停车问题是要把汽车停在拥挤的停车场中两辆车之间的一个空隙处。对于上述问题，控制理论的研究者采用精确方法求解上述问题，由于约束条件过多，因此求解过程非常复杂。汽车司机通过一些不精确的观察，执行一些不精确的控制，却达到了准确停车的目的。

控制论的创始人维纳在研究人与外界相互作用的关系时曾指出，人通过感觉器官感知周围世界，在脑和神经系统中调整获得的信息。经过适当的存储、校正、归纳和选择（处理）等过程而进入效应器官反作用于外部世界（输出），同时也通过如运动传感器末梢这类传感器再作用于中枢神经系统，将新接收的信息与原存储的信息结合在一起，影响并指挥将来的行动。司机驾驶汽车停车的例子，正如维纳所描述的那样，人不断地从外界（对象）获取信息，再存储和处理信息，并给出决策反作用于外界（输出）从而达到预期目标。

总结人的控制行为，正是遵循反馈及反馈控制的思想。人的手动控制决策可以用语言加以描述，总结成一系列条件语句，即控制规则。运用微机的程序来实现这些控制规则，微机就起到了控制器的作用。于是，利用微机取代人可以对被控对象进行自动控制。在描述控制规则的条件语句中的一些词，如"较大""稍小""偏高"等都具有一定的模糊性，因此用模糊集合来描述这些模糊条件语句，即组成了所谓的模糊控制器。

2. 基本组成

模糊控制属于计算机数字控制的一种形式，因此，模糊控制系统的组成类似于一般的数字控制系统，其系统框图如图 6-2 所示。

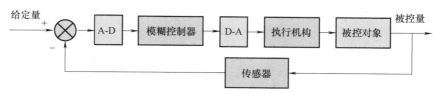

图 6-2　模糊控制系统框图

模糊控制系统一般可以分为以下四个组成部分：

1）模糊控制器。模糊控制器实际上是一台微机，根据控制系统的需要，既可选用系统机，又可选用单板机或单片机。

2）输入 / 输出接口装置。模糊控制器通过输入 / 输出接口从被控对象获取数字信号，并将模糊控制器决策的输出数字信号经过 D/A 转换，将其转变为模拟信号，发送给执行机构去控制被控对象。

3）广义对象。包括被控对象及执行机构，被控对象可以是线性或非线性的、定常或时变的，也可以是单变量或多变量的、有时滞或无时滞的以及有强干扰的多种情况。另外，被控对象缺乏精确数学模型的情况适宜选择模糊控制，但也不排斥有较精确的数学模型的被控对象，也可以采用模糊控制方案。

4）传感器。传感器是将被控对象或各种过程的被控量转换为电信号（模拟的或数字的）的一类装置。被控量往往是非电量，如温度、压力、流量、浓度、湿度等。传感器在模糊控制系统中占有十分重要的地位，它的精度往往直接影响整个控制系统的精度。因此，在选择传感器时，应注意选择精度高且稳定性好的传感器。

3. 基本原理

（1）一步模糊控制算法　模糊控制的原理框图如图 6-3 所示，它的核心部分为模糊控制器。模糊控制器的控制规律由计算机的程序实现，实现一步模糊控制算法的过程为微机经中断采样获取被控量的精确值，然后将此量与给定值比较得到误差信号 E（在此取单位反馈）。一般选误差信号 E 作为模糊控制器的一个输入量。把误差信号 E 的精确量进行模糊量化变成模糊量，误差信号 E 的模糊量可用相应的模糊语言表示。至此，得到了误差信号 E 的模糊语言集合的一个子集 e（e 实际上是一个模糊向量）。再由 e 和模糊控制规则 R（模糊关系）根据模糊推理合成规则进行模糊决策，得到模糊控制量 u 为

$$u = e \circ R \tag{6-1}$$

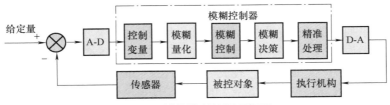

图 6-3   模糊控制的原理框图

为了对被控对象施加精确的控制，还需要将模糊量 u 转换为精确量。得到了精确的数字控制量后，经 D/A 转换变为精确的模拟量发送给执行机构，对被控对象进行一步控制。然后，中断等待第二次采样，进行第二步控制……这样循环下去，就实现了被控对象的模糊控制。

综上所述，模糊控制算法可概括为下述四个步骤：

1）根据本次采样得到的系统的输出值，计算所选择的系统的输入变量。

2）将输入变量的精确值变为模糊量。

3）根据输入变量（模糊量）及模糊控制规则，按模糊推理合成规则计算控制量（模糊量）。

4）由上述得到的控制量（模糊量）计算精确的控制量。

（2）模糊控制系统的工作原理   为了说明模糊控制系统的工作原理，介绍一个很简单的单输入单输出温控系统。例如，某电热炉用于对金属零件的热处理，按热处理工艺要求需保持炉温 600℃恒定不变。因为炉温受被处理零件多少、体积大小以及电网电压波动等因素影响，容易波动，所以设计温控系统取代人工手动控制。控制规则描述如下：若炉温低于 600℃则升压，低得越多升压越高；若炉温高于 600℃则降压，高得越多降压越低；若炉温等于 600℃则保持电压不变。

采用模糊控制炉温时，控制系统的工作原理可分述如下：

1）模糊控制器的输入变量和输出变量。在此将炉温 600℃作为给定值 t_0，测量得到的炉温记为 $t(K)$，则误差为

$$e(K)=t_0-t(K) \tag{6-2}$$

将其作为模糊控制器的输入变量。

模糊控制器的输出变量是触发电压 u，直接控制电热炉的供电电压的高低。

2）输入变量及输出变量的模糊语言描述。描述输入变量及输出变量的语言值的模糊子集为{负大，负小，零，正小，正大}，简记为NB=负大，NS=负小，O=零，PS=正小，PB=正大。

设误差 e 的论域为 X，并将误差大小量化为七个等级，即

$$X=\{-3,-2,-1,0,1,2,3\}$$

控制量 u 的论域为 Y，把控制量的大小化为七个等级，即

$$Y=\{-3,-2,-1,0,1,2,3\}$$

模糊变量 e 及 u 的赋值见表 6-1。

表 6-1 模糊变量（e，u）的赋值

隶属度量化	语言变量						
	−3	−2	−1	0	1	2	3
PB	0	0	0	0	0	0.5	1
PS	0	0	0	0	1	0.5	0
O	0	0	0.5	1	0.5	0	0
NS	0	0.5	1	0	0	0	0
NB	1	0.5	0	0	0	0	0

3）模糊控制规则的语言描述。根据手动控制策略，模糊控制规则如下：若 e 为负大，则 u 为正大；若 e 为负小，则 u 为正小；若 e 为零，则 u 为零；若 e 为正小，则 u 为负小；若 e 为正大，则 u 为负大。

控制规则的表格化，也称为控制规则表，见表 6-2。

表 6-2 控制规则表

e	NB	NS	O	PS	PB
u	PB	PS	O	NS	NB

4）模糊控制规则的矩阵形式。模糊控制规则实际上是一组多重条件语句，它可以表示为从误差论域 X 到控制量论域 Y 的模糊关系 $\boldsymbol{R}$。模糊关系 $\boldsymbol{R}$ 可以写为

$$\boldsymbol{R}=(\mathrm{NB}_e\times\mathrm{PB}_u)+(\mathrm{NS}_e\times\mathrm{PS}_u)+(\mathrm{O}_e\times\mathrm{O}_u)+(\mathrm{PS}_e\times\mathrm{NS}_u)+(\mathrm{PB}_e\times\mathrm{NB}_u)$$

式中，e、u 分别是误差和控制量。则

$$\mathrm{NB}_e\times\mathrm{PB}_u=(1,0.5,0,0,0,0,0)\times(0,0,0,0,0,0.5,1)$$
$$\mathrm{NS}_e\times\mathrm{PS}_u=(0,0.5,1,0,0,0,0)\times(0,0,0,0,1,0.5,0)$$
$$\mathrm{O}_e\times\mathrm{O}_u=(0,0,0.5,1,0.5,0,0)\times(0,0,0.5,1,0.5,0,0)$$
$$\mathrm{PS}_e\times\mathrm{NS}_u=(0,0,0,0,1,0.5,0)\times(0,0.5,1,0,0,0,0)$$
$$\mathrm{PB}_e\times\mathrm{NB}_u=(0,0,0,0,0,0.5,1)\times(1,0.5,0,0,0,0,0)$$

5）模糊决策。模糊控制器的控制作用取决于控制量，控制量 u 实际上等于误差的模糊向量 e 和模糊关系 $\boldsymbol{R}$ 的合成，当取 e=PS 时，则有

$$\boldsymbol{u}=e\circ\boldsymbol{R}=(0,\ 0,\ 0,\ 0,\ 1,\ 0.5,\ 0)\circ\begin{pmatrix}0&0&0&0&0&0.5&1\\0&0&0&0&0.5&0.5&0.5\\0&0&0.5&0.5&1&0.5&0\\0&0&0.5&1&0.5&0&0\\0&0.5&1&0.5&0.5&0&0\\0.5&0.5&0.5&0&0&0&0\\1&0.5&0&0&0&0&0\end{pmatrix}$$

$$=(0.5,0.5,1,0.5,0.5,0,0)$$

6）控制量的模糊量转化为精确量。上面求得的控制量 u 为一模糊向量，可写为

$$u = (0.5/{-}3) + (0.5/{-}2) + (1/{-}1) + (0.5/0) + (0.5/1) + (0/2) + (0/3)$$

对控制量的模糊子集按隶属度最大原则，应选取控制量为"-1"级。具体来说，即当炉温偏高时，应降低一点电压。

6.2.2　模糊控制器

1. 模糊控制器设计方法

模糊逻辑控制器（FLC）简称模糊控制器（FC），又称为模糊语言控制器，其设计主要包括以下几项内容：

1）模糊控制器的结构设计，即确定模糊控制器的输入变量和输出变量。

2）模糊控制器的控制规则设计。

3）精确量模糊化和模糊量非模糊化（又称清晰化）方法的确定。

4）模糊控制器输入变量和输出变量论域及模糊控制器参数的确定。

5）模糊控制算法的应用程序编译。

6）模糊控制算法的采样时间选择。

（1）模糊控制器的结构设计　模糊控制器的结构设计是指确定模糊控制器的输入和输出。由于模糊控制器的控制规则是根据人的手动控制规则提出的，所以模糊控制器输入变量可以有三个，即误差、误差的变化及误差变化的变化，输出变量一般选择控制量的变化。

通常将模糊控制器输入变量的个数称为模糊控制的维数。维数越高，控制越精细。但维数越高，模糊控制规则越复杂，控制算法实现越困难。以单输入单输出模糊控制器为例，图 6-4 所示为几种模糊控制器的结构。其中，一维模糊控制器用于一阶被控对象，由于这种控制器的输入变量只有一个误差，因此它的动态控制性能不佳。所以，目前广泛采用二维模糊控制器，这种控制器以误差和误差的变化为输入变量，以控制量的变化为输出变量。

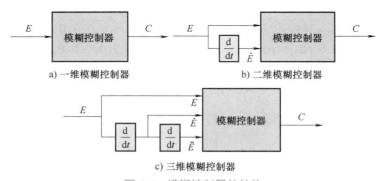

图 6-4　模糊控制器的结构

在有些情况下，模糊控制器的输出变量可按两种方式给出。例如，若误差为"大"，则以绝对的控制量输出；若误差为"中"或"小"，则以控制量的增量（即控制量的变化）为输出。尽管这种模糊控制器的结构及控制算法都比较复杂，但是可以获得较好的上升特性，改善了控制器的动态性能。

（2）模糊控制器的控制规则设计　控制规则是设计模糊控制器的关键，一般包括三部分设计内容：选择描述输入、输出变量的词集、定义各模糊变量的模糊子集、建立模糊控制器的控制规则。

1）选择描述输入、输出变量的词集。一般来说，人们习惯于把事物分为三个等级，如大、中、小，快、中、慢，老、中、青，好、中、次等。所以，一般都选用"大、中、小"三个词汇来描述模糊控制器的输入、输出变量的状态。由于人的行为在正、负两个方向的判断基本上是对称的，将大、中、小再加上正、负两个方向并考虑变量的零状态，共有七个词汇，即｛负大，负中，负小，零，正小，正中，正大｝，用英文首字母缩写表示为 {NB, NM, NS, O, PS, PM, PB}。

对于误差的变化这个输入变量，选择描述其状态的词汇时，常常将"零"分为"正零"和"负零"，这样的词集变为｛负大，负中，负小，负零，正零，正小，正中，正大｝，用英文首字母缩写表示为 {NB, NM, NS, NO, PO, PS, PM, PB}。

描述输入、输出变量的词汇都具有模糊特性，可用模糊集合来表示。因此，模糊概念的确定问题就直接转化为求取模糊集合隶属函数的问题。

2）定义各模糊变量的模糊子集。定义模糊子集，实际上就是确定模糊曲线离散化。得到有限点上的隶属度，便构成了一个相应的模糊变量的模糊子集。如图 6-5 所示，隶属函数曲线表示论域 X 中的元素 x 对模糊变量 A 的隶属程度，设定

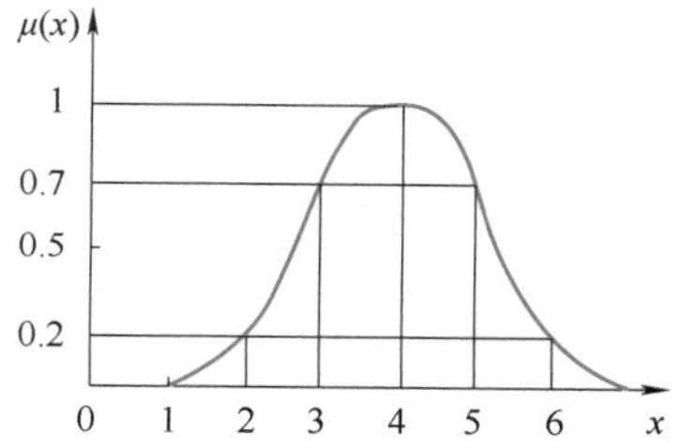

图 6-5　一个模糊集合 A 的
隶属函数

$$X=\{-6,-5,-4,-3,-2,-1,0,1,2,3,4,5,6\}$$

则有 $\mu_A(2)=\mu_A(6)=0.2$；$\mu_A(3)=\mu_A(5)=0.7$；$\mu_A(4)=1$。

论域 X 内除 $x=2$、3、4、5、6 外各点的隶属度均取为零，则模糊变量 A 的模糊子集可表示为

$$A=0.2/2+0.7/3+1/4+0.7/5+0.2/6$$

实验研究结果表明，用正态型模糊变量来描述人进行控制活动时的模糊概念是合适的。因此，可以分别给出误差 E、误差变化 R 及控制量 C 的七个语言值（NB，NM，NS，O，PS，PM，PB）的隶属函数。

此外，各模糊子集之间也有相互影响，如图 6-6 所示，α_1 及 α_2 分别为两种情况下两个模糊子集 A 和 B 的交集的最大隶属度，显然 α_1 小于 α_2，可用 α 值的大小来描述两个模糊子集之间的影响程度，当 α 值较小时控制灵敏度较高，而当 α 值较大时模糊控制器的鲁棒性较好，即模糊控制器具有较好的适应对象特性参数变化的能力。α 值取得过小或过大都是不利的，一般 α 值的选择范围为 0.4~0.8。

3）建立模糊控制器的控制规则。利用语言归纳手动控制过程，实际上就是建立模糊控制器的控制规则的过程。以手动操作控制水温为例，设温度的误差为 E，温度误差的变化为 CE，热水流量的变化为 CU。假设选取 E 及 CU 的语言变量的词集均为 {NB, NM, NS, NO, PO, PS, PM, PB}，选取 CE 的语言变量的词集为 {NB, NM, NS, O, PS, PM, PB}。模糊控制规则表见表 6-3。

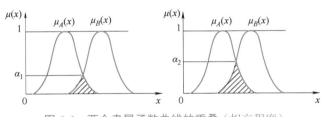

图 6-6   两个隶属函数曲线的重叠（相交程度）

表 6-3   模糊控制规则表

E（CU）	CE						
	NB	**NM**	**NS**	**O**	**PS**	**PM**	**PB**
NB	PB	PB	PB	PB	PM	O	O
NM	PB	PB	PB	PB	PM	O	O
NS	PM	PM	PM	PM	O	NS	NS
NO	PM	PM	PS	O	NS	NM	NM
PO	PM	PM	PS	O	NS	NM	NM
PS	PS	PS	O	NM	NM	NM	NM
PM	O	O	NM	NB	NB	NB	NB
PB	O	O	NM	NB	NB	NB	NB

上述选取控制量变化的原则是：当误差大或较大时，选择控制量以尽快消除误差为主要出发点；而当误差较小时，选择控制量要注意防止超调，以系统的稳定性为主要出发点。误差为正时与误差为负时相类同，相应的符号都要变，这是一类消除误差的二维模糊控制器的模糊控制规则。

（3）精确量模糊化和模糊量非模糊化的方法　将精确量（数字量）转换为模糊量的过程称为模糊化。一般采用两种方法：一种是把精确量离散化，如把在（−6，+6）之间变化的连续量分为七档，每一档对应一个模糊集，这样处理使模糊化过程简单；另一种是把精确量模糊化为一个模糊子集。所建立的模糊控制规则要经过模糊推理才能决策出控制变量的一个模糊子集，它是一个模糊量而不能直接控制被控对象，还需要采取合理的方法将模糊量转换为精确量，以便最好地发挥出模糊推理结果的决策效果。把模糊量转换为精确量的过程称为非模糊化。模糊量非模糊化的主要方法有 MIN-MAX- 重心法、代数积 - 加法 - 重心法、模糊加权型推理法、函数型推理法、加权函数型推理法、选择最大隶属度法、取中位数法等。

（4）论域、量化因子、比例因子选择

1）论域选择。设误差的基本论域为 $[-x_e, x_e]$，误差变化的基本论域为 $[-x_c, x_c]$。设误差变量所取的模糊子集的论域为

$$\{-n, -n+1, \cdots, 0, \cdots, n-1, n\}$$

误差变化变量所取的模糊子集的论域为

$$\{-m,-m+1,\cdots,0,\cdots,m-1,m\}$$

控制量所取的模糊子集的论域为

$$\{-l,-l+1,\cdots,0,\cdots,l-1,l\}$$

一般选误差论域的 $n \geqslant 6$，选误差变化论域的 $m \geqslant 6$，选控制量论域的 $l \geqslant 7$。这是因为语言变量的词集多半选为七个（或八个），这样能满足模糊集论域中所含元素个数为模糊语言词集总数的 2 倍以上，确保模糊集能较好地覆盖论域，避免出现失控现象。

关于基本论域的选择，由于事先对被控对象缺乏先验知识，所以误差及误差变化的基本论域只能做初步的选择，待系统调整时再进一步确定。控制量的基本论域根据被控对象提供的数据选定。

2）量化因子及比例因子选择。量化因子一般用 K 表示，误差的量化因子 K_e 及误差变化的量化因子 K_c 分别由两个公式来确定，即

$$K_e = \frac{n}{x_e}; \quad K_c = \frac{m}{x_c} \tag{6-3}$$

量化因子实际上类似于增益的概念，因此称量化因子为量化增益更合适些。也可以采用 GE 和 GC 分别表示误差及误差变化的量化增益。此外，每次采样经模糊控制算法给出的控制量（精确量）还不能直接控制对象，还必须将其转换到为控制对象所能接受的基本论域中去。

输出控制量的比例因子的计算表达式为

$$K_u = \frac{y_u}{l} \tag{6-4}$$

由于控制量的基本论域为一连续的实数域，所以，从控制量的模糊集论域到基本论域的变换表达式为

$$y_{ui} = K_u l_j \tag{6-5}$$

式中，l_j 是控制量模糊集论域中的任一元素或为控制量的模糊集所判决得到的确切控制量；y_{ui} 是控制量基本论域中的一个精确量；K_u 是比例因子。

实验结果表明，合理地确定量化因子和比例因子要考虑所采用的计算机的字长，还要考虑到计算机的输入、输出接口中 D/A 和 A/D 转换的精度及其变化的范围，使得接口板的转换精度充分发挥，并充分利用其变换范围。

从理论上讲，K_e 增大，相当于缩小了误差的基本论域，增大了误差变量的控制作用，因此导致上升时间变短，但由于出现超调，使得系统的过渡过程变长。K_c 选择较大时，超调量减小，K_c 选择越大系统超调越小，但系统的响应速度变慢。K_c 对超调的遏制作用十分明显。此外，输出比例因子 K_u 的大小也影响着模糊控制系统的特性。K_u 选择过小会使系统动态响应过程变长，而 K_u 选择过大会导致系统振荡。输出比例因子 K_u 作为模糊控制器的总的增益，它的大小影响着控制器的输出，通过调整 K_u 可以改变对被控对象（过程）输入的大小。

（5）模糊控制查询表及算法流程图

1）模糊控制算法与查询表。一般二维模糊控制器的控制规则见表6-3，它可写成条件

语句形式，即

$$\text{if } E=A_i \text{ then if } EC=B_j \text{ then } U=C_{ij}(i=1,2,\cdots,n;j=1,2,\cdots,m)$$

式中，A_i、B_j、C_{ij} 是定义在误差、误差变化和控制量论域 X、Y、Z 上的模糊集。

$$\boldsymbol{R}=\bigcup_{i,j} A_i \times B_j \times C_{ij} \tag{6-6}$$

$\boldsymbol{R}$ 的隶属函数为

$$\mu_{\boldsymbol{R}}(x,y,z)=\bigvee_{i=1,j=1}^{i=n,j=m} \mu_{A_i}(x) \wedge \mu_{B_i}(y) \wedge \mu_{C_{ij}}(z) \tag{6-7}$$

式中，$x \in X$，$y \in Y$，$z \in Z$。

当误差、误差变化分别取模糊集 A、B 时，输出的控制量的变化 U 根据模糊推理合成规则可得

$$U=(A \times B) \circ \boldsymbol{R} \tag{6-8}$$

U 的隶属函数为

$$\mu_U(z)=\bigvee_{\substack{x \in X \\ y \in Y}} \mu_{\boldsymbol{R}}(x,y,z) \wedge \mu_A(x) \wedge \mu_B(y) \tag{6-9}$$

设论域

$$X=\{x_1,x_2,\cdots,x_n\};\ Y=\{y_1,y_2,\cdots,y_m\};\ Z=\{z_1,z_2,\cdots,z_l\}$$

则 X、Y、Z 上的模糊集分别为一个 n、m 和 l 元的模糊向量，而描述控制规则的模糊关系 $\boldsymbol{R}$ 为一个 $n \times m$ 行 l 列的矩阵。

根据采样得到的误差 x_i、误差变化 y_j，可以计算出相应的控制量变化 u_{ij}，对所有 X、Y 中元素的所有组合全部计算出相应的控制量变化值，可写成矩阵

$$U=(u_{ij})_{n \times m} \tag{6-10}$$

将这个矩阵制成表，称为查询表，也称为控制表。查询表可以由计算机事先离线计算好，将其存于计算机内存中。在实时控制过程中，根据模糊量化后的误差值及误差变化值，直接查找查询表以获得控制量的变化值 u_{ij}，u_{ij} 再乘以比例因子 K_u 即可作为输出去控制被控对象。

2）模糊控制算法流程图。模糊控制器的控制算法是由计算机的程序实现的。这种程序一般包括两个部分，一个是计算机离线计算查询表的程序，属于模糊矩阵运算；另一个是计算机在模糊控制过程中在线计算输入变量（误差、误差变化），并将它们模糊量化处理，查找查询表后再运行输出处理的程序。图 6-7 所示为单变量二维模糊控制器模糊控制算法流程图。不难看出，这种控制算法程序简单，计算机易于实现，采用汇编语言或高级语言均可。

（6）模糊控制算法的采样时间选择

选择采样时间问题是计算机控制中的共性问题，模糊控制也属于计算机控制的一种类型，因此，对模糊控制而言，也有合理地选择采样时间的问题。香农（Shannon）采样定理给出了选择采样周期的上限，即

$$T \leqslant \frac{\pi}{\omega_{\max}} \tag{6-11}$$

式中，$\omega_{\max}$ 是采样信号的上限角频率。

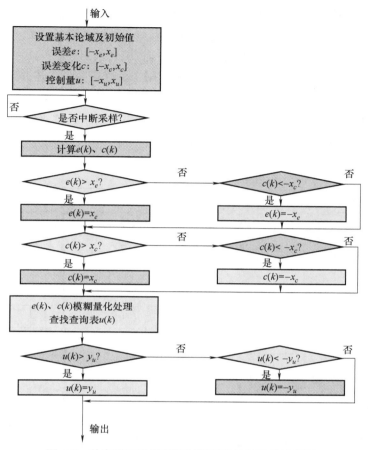

图 6-7　单变量二维模糊控制器模糊控制算法流程图

　　采样时间要综合考虑各方面因素，如采样时间必须大于执行机构的响应时间；从控制系统随动以及抗干扰的性能要求方面看，采样时间短些为好，但是采用高级语言编程时，采样时间不能太小；对于较小的采样时间，需要较长的计算字长，要在最低有效位上反映出信息的变化。从模糊控制系统中，其输入变量为误差和误差变化，而这两个变量又是通过两次采样间隔得到的。因此，为了获得较精确的控制规律，应使误差变化的值较大，从这一点来看，采样周期不能太短。但从一次响应过程中控制作用的次数来看，一般不能低于五次，否则，会使控制不精确。因此，在模糊控制系统中选择采样时间受到误差变化最大值与一次响应过程中控制作用的次数两方面的制约，在实际控制系统设计中，选择采样时间要综合考虑各方面因素。在系统调试过程中，通过对不同的采样时间进行试验，从中确定本系统的最佳采样时间，或者根据系统动态特性的需要采用变采样时间的方法，用以改善控制系统的性能。

2. 模糊控制器解析描述

　　模糊控制器的性能在很大程度上取决于模糊控制规则的确定及其可调整性。量化因子 K_e 和 K_c 的大小意味着对输入变量误差和误差变化的不同加权程度，而在调整系统特性时，K_e 和 K_c 又相互制约。这样，就提出了一类控制规则可调整的模糊控制器的设计问题。

（1）模糊控制规则的解析描述　在简单模糊控制器中，如果将误差 E、误差变化 C（CE 简记为 C，下同）及控制量 u 的论域均取为

$$\{E\}=\{C\}=\{u\}=\{-3,-2,-1,0,1,2,3\}$$

解析描述的模糊控制表见表 6-4。假定上述论域均用 7 个语言变量描述并定义为

$$\{ 负大,负中,负小,零,正小,正中,正大 \} \triangleq \{-3,-2,-1,0,1,2,3\}$$

显然，采用解析表达式描述的控制规则简单方便，更易于计算机实现。误差、误差变化及控制量的论域可以根据需要，进行适当的选取。

表 6-4　解析描述的模糊控制表

$E(u)$	C						
	-3	**-2**	**-1**	**0**	**1**	**2**	**3**
-3	3	3	2	2	1	1	0
-2	3	2	2	1	1	0	-1
-1	2	2	1	1	0	-1	-1
0	2	1	1	0	-1	-1	-2
1	1	1	0	-1	-1	-2	-2
2	1	0	-1	-1	-2	-2	-3
3	0	-1	-1	-2	-2	-3	-3

（2）带有调整因子的模糊控制规则　控制作用取决于误差及误差变化，且两者处于同等加权程度。为了适应不同被控对象的要求，可得到一种带有调整因子的控制规则

$$u=-<\alpha E+(1-\alpha)C>,\alpha \in (0,1) \tag{6-12}$$

式中，α 是调整因子。

当被控对象阶次较低时，对误差的加权值应该大于对误差变化的加权值；相反，当被控对象阶次较高时，对误差变化的加权值要大于对误差的加权值。图 6-8 所示为 α 值对控制性能的影响。

（3）模糊控制规则的自调整与自寻优　对二维模糊控制系统而言，当误差较大时，控制系统的主要任务是消除误差，这时，对误差在控制规则中的加权应该大些；相反，当误差较小时，此时系统已接近稳态，控制系统的主要任务是使系统尽快稳定，为此必须减小超调，这样就要求在控制规则中误差变化起的作用大些，即对误差变化加权大些。这些要求只靠一个固定的调整因子 α 难以满足，于是考虑在不同的误差等级引入不同的调整因子，以实现模糊控制规则的自调整。

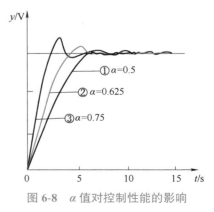

图 6-8　α 值对控制性能的影响

1）带有两个调整因子的控制规则。考虑两个调整因子 α_1 及 α_2，当误差较小时，控制

规则由 α_1 来调整；当误差较大时，控制规则由 α_2 来调整。如果选取

$$\{E\}=\{C\}=\{u\}=\{-3,-2,-1,0,1,2,3\} \tag{6-13}$$

则控制规则可表示为

$$u=\begin{cases} -<\alpha_1 E+(1-\alpha_1)C>,E=\pm 1,0 \\ -<\alpha_2 E+(1-\alpha_2)C>,E=\pm 2,\pm 3 \end{cases} \tag{6-14}$$

式中，α_1，$\alpha_2 \in (0，1)$。

通过模糊控制系统的数字仿真，可以比较带有一个及两个调整因子的模糊控制器的控制性能，图 6-9 和 6-10 所示分别为被控对象传递函数为 $G(s)=\dfrac{1}{s(s+0.5)}$ 和 $G(s)=\dfrac{1}{s(s+1)(s+2)}$ 的阶跃响应曲线。由两组响应曲线可以看出，带两个调整因子模糊控制器的控制规则调整效果比较好，其响应曲线比较理想，这表明带两个调整因子的控制规则具有一定的优越性。

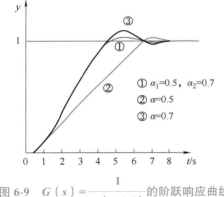

图 6-9　$G(s)=\dfrac{1}{s(s+0.5)}$ 的阶跃响应曲线

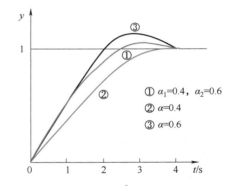

图 6-10　$G(s)=\dfrac{1}{s(s+1)(s+2)}$ 的阶跃响应曲线

2）带有多个调整因子的控制规则。若每一个误差等级都各自引入一个调整因子，则构成了带多个调整因子的控制规则。带多个调整因子的控制规则可表示为

$$u=\begin{cases} -<\alpha_0 E+(1-\alpha_0)C>,E=0 \\ -<\alpha_1 E+(1-\alpha_1)C>,E=\pm 1 \\ -<\alpha_2 E+(1-\alpha_2)C>,E=\pm 2 \\ -<\alpha_3 E+(1-\alpha_3)C>,E=\pm 3 \end{cases} \tag{6-15}$$

式中，调整因子 α_0，α_1，α_2，$\alpha_3 \in (0，1)$。

3）模糊控制规则的自寻优。由上面讨论可知，随着调整因子数目的增加，控制系统的阶跃响应特性随之改善，虽然选取调整因子的数值比较灵活，但主要是根据经验或由试验调试确定，这样势必带有一定的盲目性。为了能对多个调整因子进行寻优，可以采用 ITAE 积分性能指标，即

$$J(\text{ITAE}) \int_0^{\infty} t|e(t)|\mathrm{d}t=\min \tag{6-16}$$

式中，J 是误差函数加权时间之后的积分面积的大小。

在 ITAE 中，I 表示积分，T 表示时间，A 表示绝对值，E 表示误差。

式（6-16）表示的 ITAE 积分性能指标能够综合评价控制系统的动态和静态性能，如响应快、调节时间短、超调量很小以及稳态误差也很小等。为了便于数字计算机实现，须将式（6-16）变为离散形式，即

$$\Delta J = J(t+\Delta T) - J(t) \tag{6-17}$$

式中，ΔT 是采样间隔。

将性能指标作为目标函数，寻优过程将根据目标函数逐步减小的原则，不断校正调整因子的取值，从而获得一组优选的调整因子。

例如，被控对象的传递函数为 $G(s) = \dfrac{1}{s(s+1)}$，采用图 6-11 所示模糊控制规则的自寻优系统，对带有多个调整因子模糊控制规则进行寻优。选定初始的控制规则的各个调整因子分别为 $\alpha_0 = 0.3$，$\alpha_1 = 0.4$，$\alpha_2 = 0.5$，$\alpha_3 = 0.6$。

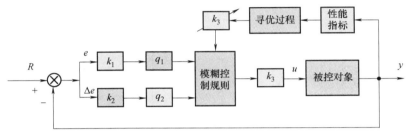

图 6-11　模糊控制规则的自寻优系统

经过寻优后获得的一组调整因子为 $\alpha_0 = 0.29$，$\alpha_1 = 0.55$，$\alpha_2 = 0.74$，$\alpha_3 = 0.89$。

优化控制规则的单位阶跃响应曲线如图 6-12 中的曲线②所示，而初始控制规则的响应曲线如图 6-12 中的曲线①所示。上述方法中给定的初始控制规则尽管比较粗糙，但是通过自寻优，还是可以找到一个比较理想的控制规则，从而获得令人满意的控制效果。

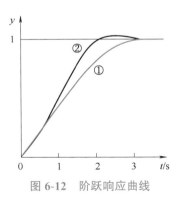

图 6-12　阶跃响应曲线

4）带有自调整因子的模糊控制器。带有多个调整因子的模糊控制规则虽然比较灵活、方便，但是，对多个调整因子的寻优要花费较大的计算工作量。尤其是随着误差、误差变化及控制量的论域量化等级的增加，调整因子数也相应增加，使得寻优过程变得更复杂。一方面要吸取带多个调整因子控制规则的优点，另一方面还要尽量简化寻优过程，为此，需要设计一种在全论域范围内带有自调整因子的模糊控制器。

① 模糊量化控制规则。设误差 E、误差变化 C 及控制量 u 的论域选取为

$$\{E\} = \{C\} = \{u\} = \{-N, \cdots\cdots, -2, -1, 0, 1, 2, \cdots\cdots, N\} \tag{6-18}$$

则在全论域范围内带有自调整因子的模糊控制规则可表示为

$$u = \begin{cases} -<\alpha E + (1-\alpha)C> \\ \alpha = \dfrac{1}{N}(\alpha_s - \alpha_0)|E| + \alpha_0 \end{cases} \tag{6-19}$$

式中，$0 \leqslant \alpha_0 \leqslant \alpha_s \leqslant 1$，$\alpha \in [\alpha_0, \alpha_s]$。

上述控制规则的特点是调整因子 α 在 $\alpha_0 \sim \alpha_s$ 之间随误差绝对值 $|E|$ 的大小呈线性变化，因 N 为量化等级，故 α 有 N 个可能的取值。

② 控制性能对比研究。被控对象选用典型的二阶环节，对象的参数及其采用两种控制器的控制性能对比见表 6-5，其中响应时间为 t_s。相对于稳态误差为 1.2% 的情况。表 6-5 中的仿真结果是就第一组对象参数分别调整两种模糊控制以获得最佳的阶跃响应特性，然后在固定两种模糊控制器的调整参数情况下，再分别改变对象参数，又获得了两组阶跃响应数据。从表 6-5 中可以看出，自调整因子模糊控制器不仅响应快，无超调（或超调小），而且对参数变化有较强的鲁棒性。

表 6-5　控制性能对比

对象参数		固定调整因子模糊控制器		自调整因子模糊控制器	
T_1	T_2	t_s/s	σ_p（%）	t_s/s	σ_p（%）
0.5	1	1.9	0	1.6	0
0.5	2	3.1	0	2.5	0
1	2	5.3	2.6	4.8	2.6

6.2.3　自适应模糊控制

对于时变、非线性复杂系统采用模糊控制时，为了获得良好的控制效果，必须要求模糊控制具有较完善的控制规则。这些控制规则是人们对被控过程认识的模糊信息的归纳和操作经验的总结。然而，由于被控过程的非线性、高阶次、时变性以及随机干扰等因素，造成模糊控制规则粗糙或不够完善，都会不同程度地影响控制效果。为了弥补这个不足，自然就考虑到模糊控制器应向着自适应、自组织、自学习方向发展，使得模糊控制参数 / 规则在控制过程中自动地调整、修改和完善，从而使系统的控制性能不断改善，以达到最佳的控制效果。

1. 自适应模糊控制器的结构与原理

（1）自适应模糊控制器的结构　自适应模糊控制器必须同时具备两个功能：根据被控过程的运行状态给出合适的控制量，即控制功能；根据给出的控制量的控制效果，对控制器的控制决策进一步改进，以获得更好的控制效果，即学习功能。

模糊集理论是设计自适应模糊控制器的重要工具，它将描述外部世界的不精确的语言与控制器内部的精确数学表示联系起来，图 6-13 所示为自适应模糊控制器的语言描述。用语言表示的策略要比用精确的数学表示的策略简单、方便而且灵活，这是自适应模糊控制器与其他形式的自适应控制器相比所具有的突出优点。

图 6-13   自适应模糊控制器的语言描述

自适应模糊控制器是在简单模糊控制器的基础上，增加了三个功能块而构成的一种模糊控制器，其结构如图 6-14 所示。图 6-14 表示的是单输入单输出的情况。图 6-14 中点画线框内的三个功能块即为增加的部分，它们分别是：

1）性能测量。用于测量实际输出特性与希望特性的偏差，以便为控制规则的修正提供信息，即确定输出响应的校正量 P。

2）控制量校正。将输出响应的校正量转换为对控制量的校正量 R。

3）控制规则修正。对控制量的校正通过修改控制规则来实现。

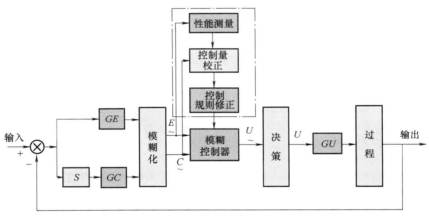

图 6-14   自适应模糊控制器的结构

（2）自适应模糊控制器的原理   模糊控制器实际上是由计算机实现的一种模糊控制算法，自适应模糊控制器所增加的三个功能块也不例外，都是通过软件来实现各自的功能。增加的三个功能块可以理解为在模糊控制器内部引进了一个"软反馈"，即由软件实现的对控制器自身性能的反馈，通过这个反馈不断地调整和改善控制器的控制性能，以使对被控过程的控制效果达到最佳的状态。下面介绍图 6-14 中的性能测量、控制量校正和控制规则修正的原理及方法。

1）性能测量。在模糊控制器中，通常选取偏差和偏差变化作为两个参量，用以衡量输出特性与希望特性的偏离情况。因此，可以根据这两个参数的采样值 $e(nT)$ 和 $c(nT)$ 计算出对输出特性所需要的校正量 $p(nT)$，并且可以采用模糊集合论的方法总结出一套性能测量规则。

离开设定点越远，需要的输出校正就越大。由于设定点是正、负对称的，所以负误差时输出校正需增加，反之，输出校正需减小。用 $\prod$ 表示校正，表示为

$$p(nT) = \prod \left[e(nT), c(nT) \right] \tag{6-20}$$

2）控制量校正。由性能测量所得到的输出响应的校正量 $p(nT)$，需要转化为对过程的

输入校正量，并施加于过程，使系统的输出朝着期望的方向变化。控制量校正计算如下。

① 单输入单输出纯滞后较小的系统：对于单输入单输出的情况，将过程输入变化与输出变化联系起来可以表示为

$$r(nT)=Kp(nT) \tag{6-21}$$

若控制量 $r(nT)$ 和输出量 $p(nT)$ 均归一化，则系数 K 取 1。

② 多输入多输出纯滞后较小的系统：对于多输入多输出的情况，式（6-21）可写为

$$\boldsymbol{P}(nT)=\boldsymbol{MR}(nT) \tag{6-22}$$

式中，$\boldsymbol{P}(nT)$ 是输出校正向量；$\boldsymbol{R}(nT)$ 是输入校正向量，它们分别为

$$\boldsymbol{P}(nT)=\begin{bmatrix} p_1(nT) \\ p_2(nT) \\ \vdots \\ p_k(nT) \end{bmatrix}; \boldsymbol{R}(nT)=\begin{bmatrix} r_1(nT) \\ r_2(nT) \\ \vdots \\ r_l(nT) \end{bmatrix} \tag{6-23}$$

$\boldsymbol{M}$ 实际表示了某一输出量和哪些输入量有增量关系。若控制量与输出量都归一化，则 $\boldsymbol{M}$ 矩阵内的各元素均在 $-1\sim+1$ 之间，即 $\boldsymbol{M}$ 为一模糊矩阵。

③ 纯滞后较大的系统：对于纯滞后较大的对象，要求控制量提前校正，提前多少要根据对被控对象的判断来确定。

3）控制规则修正。考虑有一定滞后的系统，设过去 m 个采样的控制作用对现在的性能造成不良影响。若用 $e(nT-mT)$、$c(nT-mT)$、$u(nT-mT)$ 分别表示以往的偏差、偏差变化和控制量，则修正后的控制量是 $u(nT-mT)+r(nT)$，将这些量进行模糊化处理可得

$$E(nT-mT)=F\{e(nT-mT)\}$$
$$C(nT-mT)=F\{c(nT-mT)\}$$
$$U(nT-mT)=F\{u(nT-mT)\}$$
$$V(nT-mT)=F\{u(nT-mT)+r(nT)\}$$

式中，F 是对某单个元素的模糊化过程。

原来的控制规则为

$$\text{if } e=E(nT-mT) \text{ and } c=C(nT-MT) \text{ then } u=U(nT-mT)$$

现在的控制规则应为

$$\text{if } e=E(nT-mT) \text{ and } c=C(nT-mT) \text{ tnen } u=V(nT-mT)$$

将上面的控制规则写成关系矩阵的形式，有

$$\boldsymbol{R}_1(nT)=E(nT-mT) \times C(nT-mT) \times U(nT-mT)$$
$$\boldsymbol{R}_2(nT)=E(nT-mT) \times C(nT-mT) \times V(nT-mT)$$

新的修正的关系矩阵可用语句形式表示为

$$\boldsymbol{R}(nT+T)=\{\boldsymbol{R}(nT) \text{ but not } \boldsymbol{R}_1(nT)\} \text{ else } \boldsymbol{R}_2(nT)$$

式中，$\boldsymbol{R}(nT)$ 是当前控制器的关系矩阵；$\boldsymbol{R}(nT+T)$ 是修正了的关系矩阵。

修正的方法不是唯一的，也可以写成

$$\boldsymbol{R}(nT+T)=\{\boldsymbol{R}(nT) \text{ else } \boldsymbol{R}_2(nT)\} \text{ but not } \boldsymbol{R}_1(nT)$$

运用集合的运算符号代替上述语句中的连接词，可以表示为

$$\boldsymbol{R}(nT+T)=\{\boldsymbol{R}(nT) \wedge \overline{\boldsymbol{R}_1(nT)}\} \vee \boldsymbol{R}_2(nT) \tag{6-24}$$

式（6-24）就是控制器修正控制规则的一般方法。根据此式求出新的修正关系矩阵

$R(nT+T)$ 后，再根据测得的偏差 $e(nT)$、偏差变化 $c(nT)$ 与 $R(nT+T)$ 合成，求得控制量的模糊集，经决策后变为确定的控制量的变化，加到系统中去。

上述方法存在三个缺点：原来的控制规则完全消失了；$R_1(nT)$、$R_2(nT)$ 是稀疏矩阵，计算浪费时间；对于多输入多输出系统来说关系矩阵太大，计算机难以存储。此方法对于单输入单输出且对计算时间并不苛求的系统还是可行的。为了克服上述缺点，可进一步对控制规则进行修正，如采用在计算机中不储存关系矩阵而储存语言控制规则的方法来修正控制规则；采用最大隶属度法决策，修改 $R(nT)$，避免了大量稀疏矩阵的运算，以便于实时控制。

2. 模型参考自适应系统（MRAS）

（1）MRAS 的基本结构　MRAS 是一类很重要的自适应控制系统，它的基本结构如图 6-15 所示。在 MRAS 中有一个参考模型，它描述被控对象的动态或表示一种理想的动态。这种控制方式是将被控过程输出与参考模型输出进行比较，并按偏差进行控制。

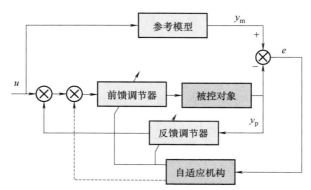

图 6-15　模型参考自适应系统的基本结构

（2）模型参考模糊自适应系统（MRFAS）的控制算法　MRFAS 的原理框图如图 6-16 所示。假定系统的输入 u 是单位阶跃函数，参考模型的输出 y_m 为某一单调上升曲线，趋向于 1。当被控对象的结构变化或参数偏离时，由于自适应机构的作用，不断地修正 K_1、K_2 值，使 y_p 能"跟上"y_m，即 $t \to \infty$ 时，使得 $e = y_m - y_p \to 0$，输出特性曲线如图 6-17 所示。

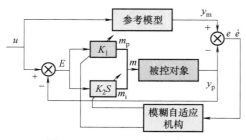

图 6-16　MRFAS 的原理框图

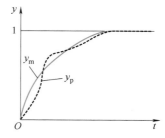

图 6-17　输出特性曲线

每次采样获得误差 e 和误差变化 e，根据模糊算法得到 ΔK_1 和 ΔK_2，对图 6-16 中的 K_1 和 K_2 进行修正。ΔK_1 和 ΔK_2 的确定流程如图 6-18 所示。

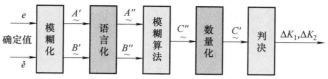

图 6-18 $\triangle K_1$ 和 $\triangle K_2$ 的确定流程

（3）基于 T-S 模型设计模型自适应机构 MRFAS 的原理框图（图 6-16）可变为图 6-19 所示的形式，其中被控子系统是包含被控对象在内的闭环子系统，模糊自适应机构根据参考模型输出与被控子系统输出之差及其变化，产生一个模糊自适应信号，控制被控子系统的输出。

由于对象参数变化，给定突变或出现状态干扰等情况，将使得参考模型和对象瞬时响应之间的关系会出现图 6-20 所示的 9 种情况。

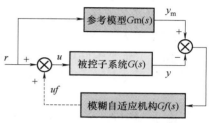

图 6-19 变化后的 MRFAS 原理框图

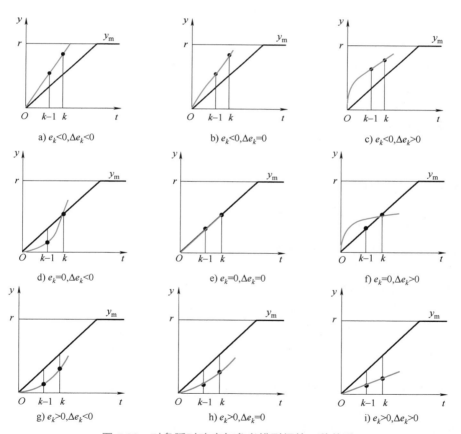

图 6-20 对象瞬时响应与参考模型间的 9 种关系

根据前一时刻和现在时刻系统实际输出 y 偏离参考模型输出 y_m 的大小及其变化趋势，确定一个模糊自适应信号，控制被控子系统，使 y 尽快趋于 y_m。

设偏差、偏差变化的模糊变量分别用 E、EC 表示，采用 T-S（Takagi and Sugeno）模糊模型，即采用蕴含式

$$\text{if } e=A \text{ and } \Delta e=B \text{ then } u_f=g(e)$$

式中，A、B 是模糊子集；$g(e)$ 是 e 的连续函数。

（4）MRFAS 稳定的性能分析　MRFAS 稳定的充要条件如下：

1）参考模型 $G_m(s)$ 稳定。

2）被控子系统 $G(s)$ 稳定。

3）$K_0 \leqslant K_0^*$，K_0^* 为方程 $N(s)+K_0Z(s)=0$ 以 K_0 为参数的根轨迹图的临界稳定值。

由上述充要条件可知，K_0 的取值范围为 $0 \sim K_0^*$，K_0 较大，则系统的自适应能力较强，但稳定裕度较小。一般选取 $K_0=K_0^*/2$，以便使系统既有较好的稳定性，又能保持良好的适应能力。

由于 MRFAS 采用模糊自适应机构，引入了 $f(e, \dot{e})$ 非线性函数项，使得闭环系统的零极点在动态过程中不断变化，因此从图 6-19 中可以得到系统输入为

$$y(s) = \frac{z(s)}{N_n(s)} \frac{N_n(s)+f(e,\dot{e})K_0Z_n(s)}{N(s)+f(e,\dot{e})K_0Z(s)} r(s) \tag{6-25}$$

正是由于这种零极点的不断变化而产生的动态调整作用，才使得 MRFAS 具有较强的自适应能力。

由于模糊自适应机构的输出不直接作用于被控对象，而作用于被控子系统，该子系统中的控制器充当了滤波器的作用，使得 MRFAS 的输出不存在抖动问题。此外，在系统设计上，要保证被控子系统比参考模型的响应速度快，以便获得更好的自适应性能。

3. 自校正模糊控制器

自校正控制（STC）和模型参考自适应是自适应控制的两种主要形式，自校正控制系统的基本原理框图如图 6-21 所示，STC 系统与 MRAS 不同，它没有参考模型。STC 系统可以看成由两个控制回路构成：内环构成负反馈控制回路，外环构成控制参数调整回路。

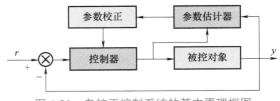

图 6-21　自校正控制系统的基本原理框图

自校正控制器由参数估计器、参数校正和控制器三个基本环节组成。参数估计器利用递推最小二乘法在线估计被控对象的模型参数；参数校正环节根据估计参数进行控制器参数计算；控制器根据校正后新的控制参数进行控制。自校正控制系统的运行过程，就是自校正控制器不断地进行采样、估计、校正和控制，直至系统达到并保持期望的控制性能指标。

（1）自校正三维模糊控制器的结构　对于一般二维模糊控制器，它的控制参数有量化因子 K_e、K_C 及比例因子 K_u，对于三维模糊控制器而言，增加一个误差二次差分项的量化因子 K_r，总共 4 个控制参数可供调整。

一个自校正三维模糊控制系统的原理如图 6-22 所示，其中点画线框中的部分为一个三维模糊控制器。此外，还包括数据存储单元、评价（性能）、规则修正和参数校正四个环节。其中，数据存储单元用于存储评价控制系统性能的各种数据等。性能评价环节根据系统提供的信息对控制效果进行评价，其结果送入规则修正环节和参数校正环节，分别作

为修改控制规则和校正参数的依据。总之，上述四个环节相当于图 6-21 所示自校正控制系统的外环，构成了对控制规则和控制参数的自校正回路。

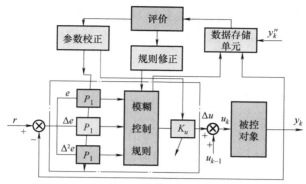

图 6-22 自校正三维模糊控制系统的原理

（2）三维模糊控制规则 设三维模糊控制输入变量分别为 e、Δe 及 $\Delta^2 e$，它们的模糊语言变量词集均选为 {N，O，P}。对于模糊控制输出变量为 Δu，它的语言变量词集取为 {NB，NM，NS，O，PS，PM，PB}。根据上述三维模糊控制器的结构及其输入、输出模糊语言变量词集，可建立三维模糊控制规则见表 6-6，得到下述的 27 条规则。

R_1: if e=P and Δe=P and $\Delta^2 e$=P, then Δu=NB；

R_2: if e=P and Δe=P and $\Delta^2 e$=O, then Δu=NB；

$$\vdots$$

R_{14}: if e=O and Δe=O and $\Delta^2 e$=O, then Δu=O；

$$\vdots$$

R_{27}: if e=N and Δe=N and $\Delta^2 e$=N, then Δu=PB；

表 6-6 三维模糊控制规则

e	Δe	Δu		
		$\Delta^2 e$=N	$\Delta^2 e$=O	$\Delta^2 e$=P
P	P	NM	NB	NB
	O	NS	NM	NB
	N	O	NS	NM
O	P	O	NS	NM
	O	PS	O	NS
	N	PM	PS	O
N	P	PM	PS	O
	O	PB	PM	PS
	N	PB	PB	PM

上述控制规则中模糊集合的隶属函数前件部分为三角形，而结论部分为单线条形。这些模糊集合的支集均归一化到 $[-1,1]$ 区间。从表6-6可以看出，对于模糊变量 e、Δe 及 $\Delta^2 e$ 而言，控制规则的空间分布是对称且单调的。

（3）控制性能评价　为了进行控制参数的校正和控制规则的修正，必须对控制性能进行评价，为此，通过系统典型的阶跃响应特性，定义评价系统控制性能的模糊性能指标 FP：

$$FP \triangleq \min\{\mu_{OV}(e_{OV}), \mu_{RT}(e_{RT}), \mu_{AM}(e_{AM})\} \tag{6-26}$$

式中，OV、RT 和 AM 分别是系统响应的超调、上升时间和振幅。控制系统响应的性能指标如图6-23所示，它们与各自的目标值 OV^*，RT^*，及 AM^* 的偏差分别为

$$e_{OV}=OV-OV^*; \quad e_{RT}=RT-RT^*; \quad e_{AM}=AM-AM^*$$

$\mu(*)$ 表示优良度，$\mu_{OV}(e_{OV})$、$\mu_{RT}(e_{RT})$ 及 $\mu_{AM}(e_{AM})$ 分别表示 e_{OV}、e_{RT} 及 e_{AM} 的优良度。它们的隶属函数取为三角形或梯形。

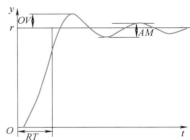

图 6-23　控制系统响应的性能指标

（4）比例系数的调整　根据系统的模糊性能指标决定对参数是否继续调整。当 FP 大于给定值 θ（$\theta \in [0,1]$），或者控制系统误差绝对值累加值 $\sum|e|$ 收敛于某一个较小值时，参数校正过程结束。参数的校正规则见表6-7。规则前件的隶属函数具有线性特性，而后件的隶属函数具有单一性，分别如图6-24a、b所示。这些规则的变化区间为 $[-a_i, a_i]$（$i=1,2,3$）和 $[-d,d]$，且每一个 Δa_i 和 Δd 表示 a_i 和 d 的增加或减少。

表 6-7　参数的校正规则

前件 特性		结果			
		Δa_1	Δa_2	Δa_3	Δa_4
e_{OV}	N	NB	PS	PS	PB
	P	PB	NS	NB	NB
e_{RT}	N	PB	NB	NB	NB
	P	NB	PB	PB	PB
e_{AM}	P	PB	NB	NB	NS

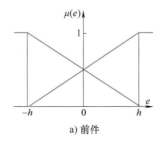

a) 前件

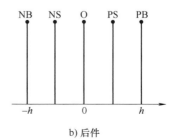

b) 后件

图 6-24　校正规则的隶属函数

把控制结果用于先前的校正规则，并做简化的模糊推理，可计算 Δa_i 和 Δd，于是模糊控制器的参数调整为

$$\begin{cases} \hat{a}_i = a_i + (1-FP)\Delta a_i, \\ \hat{d} = d + (1-FP)\Delta d \end{cases} \quad i=1,2,3 \tag{6-27}$$

式中，$\hat{a}_i$、$\hat{d}$ 分别是 a_i、d 的更新值。

在此方法中，比例系数 a_i（$i=1$，2，3）和 d 是确定的，它们与图 6-22 的对应关系为 $K_e=1/a_1$、$K_C=1/a_2$、$K_r=1/a_3$ 及 $K_u=d$。在比例系数调节过程中，当出现良好的响应特性时，调节过程结束。

（5）控制规则的修正　为了通过实时学习算法改善控制规则，需要给定被控系统的期望响应特性，如图 6-25 所示，期望响应的目标值为 r，期望的上升时间为 RT^* 及期望的延迟时间为 L。应用这个期望响应特性评价在每个采样时刻控制响应的好坏程度。

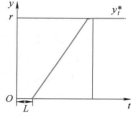

图 6-25　期望响应特性

当在每一个采样点获得控制响应时，利用实时学习算法修正那些与现在控制状态相关的控制规则，使系统响应与期望响应一致。修改控制规则是在每一个采样点修改控制规则结果项的实数 b_i（$i=1$，2，…，27）。例如，在图 6-23 中，系统的响应误差为负值且在变大，表明先前的控制量太大，不得不减小推理规则中的 b 值，于是将规则修改为

$$\text{if } e_R^*=\text{N and } \Delta e_k^*=\text{N, then } \Delta b=\text{NB}$$

式中，$e_k^*=y_R-y_k$；$\Delta e_k^*=\Delta e_k^*-e_{k-m}^*$；$\Delta b$ 是参数 b 的调整值。e_k^*、Δe_k^* 分别是响应误差及其变化，而 y_k、y_k^* 分别是控制系统响应和期望响应。

用同样方法可获得控制规则的修改规则，见表 6-8，其中规则的结果值是对称的，其隶属函数的类型同图 6-24。新的 b_i（$i=1$，2，…，27）值为

$$\begin{cases} \hat{b}_i = b_i - (1-FP)\Delta bw_i^{(k-m)}, i=1,2,\cdots,13 \\ \hat{b}_i = b_i - (1-FP)\Delta bw_i^{(k-m)}, i=14,15,\cdots,27 \end{cases} \tag{6-28}$$

表 6-8　控制规则的修改规则

规则序号	前件		后件
	e_k^*	Δe_k^*	Δb
1	N	N	NB
2	N	O	NM
3	N	P	NS
4	O	N	NS
5	O	O	O
6	O	P	PS
7	P	N	PS
8	P	O	PM
9	P	P	PB

式中，$w_i^{(k-m)}$ 是规则 i 在 $k-m$ 采样时刻的适合度；$\hat{b}_i$ 是 b_i 的校正值。获得了 b_i 的校正值后，系统在 k 时刻的控制增量为

$$\begin{cases} \Delta u_k^* = \dfrac{\sum_{i=1}^{27} w_i b_i}{\sum_{i=1}^{27} w_i} & ,i=1,2,\cdots,27 \\ w_i = \mu_{A_{i1}}(e_i) \wedge \mu_{A_{i2}}(\Delta e_k) \wedge \mu_{A_{i3}}(\Delta^2 e_k) \end{cases} \tag{6-29}$$

式中，b_i 是已校正后的实数值；A_{i1}、A_{i2}、A_{i3} 分别是 e_k、Δe_k 及 $\Delta^2 e_k$ 的语言变量值，即可为正、负或零。

由 k 时刻的控制增量 Δu_k^* 可计算出控制量为

$$u_k = u_{k-1} + \Delta u_k^* \tag{6-30}$$

（6）自校正实时学习算法实现流程

1）设置模糊控制器的初始参数。

2）比例系数调整。

3）控制规则修改。

4）评价控制结果，若 $FP>\theta$，或 $\sum_i |e_i|$ 的模糊值为小，且 $\sum_i |e_i|$ 的变化为模糊值零，则转向执行 5），否则返回 2）。

5）学习算法结束。

科学家科学史
"两弹一星"功勋科
学家：钱学森

## 第 7 章

智能设计方法的应用技术

课程视频

PPT 课件

7.1 遗传算法在智能设计中的应用

在当今科技快速发展的时代，智能设计成为解决各种工程、产品和网络优化等复杂问题的重要手段之一。在智能设计的实践中，遗传算法作为一种启发式优化算法，展现出了强大的搜索和优化能力。本节旨在探讨遗传算法在智能设计中的应用，深入剖析其在工程设计、产品设计、网络优化和机器学习模型优化等领域的具体应用场景和方法。通过详细的案例分析和方法论阐述，揭示遗传算法在智能设计中的重要性和价值，为解决实际生活中的复杂问题提供思路和启示。随着智能设计技术的不断发展和创新，遗传算法将继续发挥重要作用，为推动智能化和自动化设计提供有力支持。

工程设计领域的一个主要挑战是优化复杂系统的参数，以满足特定的性能指标和约束条件。遗传算法提供了一种有效的方法来解决这些问题。

通常智能设计问题可以简化为多目标优化问题。在此，以两目标优化问题为例，演示如何采用常规遗传算法、改进的多种群遗传算法以及量子遗传算法来实现多目标优化问题的快速求解。

以如下函数为例，介绍遗传算法在智能设计中的应用。

$$z(x,y)=x\sin(5\pi x)+y\sin(15\pi y)+23-2 \leqslant x \leqslant 13, 3.5 \leqslant y \leqslant 6 \tag{7-1}$$

该研究对象的函数图如图 7-1 所示，该函数存在众多局部最优点。如何避免寻优过程被困在局部最优处是该问题面临的关键难点。而由于变异和交叉等操作的存在，遗传算法在跳出局部最优方面具有独特的优势。

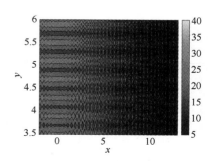

图 7-1　研究对象的函数图

1. 标准遗传算法

首先，利用标准遗传算法（SGA）解决上述寻优问题。此处运用英国谢菲尔德大学设计的 MATLAB 遗传算法工具箱简化处理过程。SGA 的核心代码如下：

```
while gen<MAXGEN                                    % 迭代
    FitnV=ranking(-ObjV);                          % 分配适应度值 (Assign
fitness values)
    SelCh=select('sus', Chrom, FitnV, GGAP);       % 选择
    SelCh=recombin('xovsp', SelCh, pc);            % 重组
    SelCh=mut(SelCh,pm);                           % 变异
    ObjVSel=ObjectFunction(bs2rv(SelCh, FieldD));  % 计算子代目标函数值
    [Chrom ObjV]=reins(Chrom, SelCh, 1, 1, ObjV, ObjVSel);  % 重插入
    gen=gen+1;          % 代计数器增加
    if maxY<max(ObjV)
        [maxY,I]=max(ObjV);
        X=bs2rv(Chrom, FieldD);
        maxX=X(I,:);
    end
    trace(gen,1)=maxY;
end
```

基于标准遗传算法的函数寻优进化过程如图 7-2 所示。SGA 运行 5 次的最优值及其对应 x、y 坐标值见表 7-1。

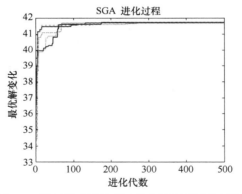

资料

图 7-2　基于标准遗传算法的函数寻优进化过程

表 7-1　SGA 运行 5 次的最优值及其对应 x、y 坐标值

代码运行次数	x	y	最优值
1	12.905	5.90069	41.7622
2	12.8955	5.89897	41.7556
3	12.9016	5.90333	41.7283
4	12.8986	5.90317	41.7329
5	12.9023	5.89732	41.7442

从表 7-1 可以看出，5 次寻优结果均不相同，但结果又很接近。因此，标准遗传算法存在比较严重的早熟收敛问题，即群体中的所有个体都趋于同一状态而停止进化，算法最终并不能得到最优解。导致早熟收敛的因素包括：

1）交叉和变异操作发生的频度是受交叉概率和变异概率控制的。交叉概率和变异概率的合理设定涉及遗传算法全局搜索和局部搜索能力的均衡，进化搜索的最终结果对交叉和变异概率的取值相当敏感。

2）选择操作是根据当前群体中个体的适应度值所决定的概率进行的，当群体中存在个别超常个体（该个体的适应度比其他个体高得多）时，该个体在选择算子作用下将会多次被选中，下一代群体很快被该个体所控制，群体中失去竞争性，从而导致群体停滞不前。

3）遗传算法常用的终止判据是，当迭代次数到达人为规定的最大遗传代数时，将终止进化。若迭代次数过少，进化不充分，则会造成未成熟收敛。

4）群体规模对遗传算法的优化性能也有较大的影响。当群体规模较小时，群体中多样性程度低，个体之间竞争性较弱，随着进化的进行，群体很快趋于单一化，交叉操作产生新个体的作用逐渐趋于消失，群体的更新只靠变异操作来维持，群体很快终止进化；当群体规模较大时，势必造成计算量的增加，计算效率也会受到影响。

2. 多种群遗传算法

多种群遗传算法（Multiple Population Genetic Algorithm，MPGA）是遗传算法的一个扩展，它在标准遗传算法的基础上，设置了多个种群，每个种群称为一个子种群，利用并行遗传算法的思想，分别对每个子种群进行遗传进化操作，每隔一定的进化代数，从每个子种群中选择出一些个体，替代相邻子种群中的一些个体，即发生个体迁移。

同样基于谢菲尔德大学设计的遗传算法工具箱实现 MPGA 对上述复杂函数寻优。MPGA 的核心代码如下：

```
while gen0<=MAXGEN
    gen=gen+1;      % 遗传代数加 1
    for i=1:MP
        FitnV{i}=ranking(-ObjV{i});                        % 各种群的
适应度
        SelCh{i}=select('sus', Chrom{i}, FitnV{i},GGAP);  % 选择操作
        SelCh{i}=recombin('xovsp',SelCh{i}, pc(i));       % 交叉操作
        SelCh{i}=mut(SelCh{i},pm(i));                     % 变异操作
        ObjVSel=ObjectFunction(bs2rv(SelCh{i},FieldD));   % 计算子代目
标函数值
        [Chrom{i},ObjV{i}]=reins(Chrom{i},SelCh{i},1,1,ObjV{i},ObjVSel);
% 重插入操作
    end
    [Chrom,ObjV]=immigrant(Chrom,ObjV);        % 移民操作
    [MaxObjV,MaxChrom]=EliteInduvidual(Chrom,ObjV,MaxObjV,MaxChr
om);          % 人工选择精华种群
```

```
    YY(gen)=max(MaxObjV);  % 找出精华种群中最优的个体
    if YY(gen)>maxY  % 判断当前优化值是否与前一次优化值相同
        maxY=YY(gen); % 更新最优值
        gen0=0;
    else
        gen0=gen0+1; % 最优值保持次数加 1
    end
end
```

基于多种群遗传算法的函数寻优进化过程如图 7-3 所示。MPGA 运行 5 次的最优值及其对应 x、y 坐标值见表 7-2。对比标准遗传算法的优化结果可以看出，MPGA 不仅收敛速度显著提升，而且可以完美避免局部最优，可以很快得到全局最优解。

表 7-2　MPGA 运行 5 次的最优值及其对应 x、y 坐标值

代码运行次数	x	y	最优值
1	12.9003	5.90008	41.8002
2	12.9003	5.90008	41.8002
3	12.9003	5.90008	41.8002
4	12.9003	5.90008	41.8002
5	12.9003	5.90008	41.8002

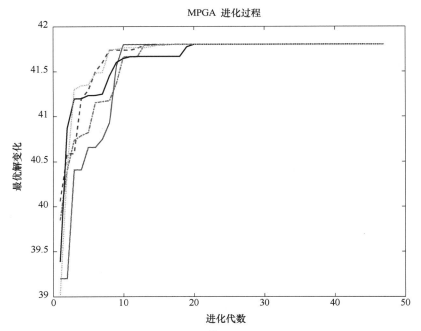

图 7-3　基于多种群遗传算法的函数寻优进化过程

3. 量子遗传算法

量子遗传算法（Quantum Genetic Algorithm，QGA）是一种将量子计算理论与传统遗传算法结合的搜索优化算法，该算法用量子位编码表示染色体，用量子门更新完成进化搜索，具有种群规模小却不影响算法性能、收敛速度快和全局搜索能力强等特点。

量子计算中采用量子态作为基本的信息单元，利用量子态的叠加、纠缠和干涉等特性，通过量子并行计算可以解决经典计算中的 NP 问题。1994 年 Shor 提出第一个量子算法，解决了大数质因子分解的经典计算难题，该算法可用于 RSA 公开密钥系统；1996 年 Grover 提出随机数据库搜索的量子算法，在量子计算机上可实现对未加整理的数据库 $N^{\frac{1}{2}}$ 量级的加速搜索，量子计算正以其独特的计算性能迅速成为研究的热点。

QGA 就是基于量子计算原理的一种遗传算法。将量子的态矢量表达引入遗传编码，利用量子逻辑门实现染色体的演化，实现了比常规遗传算法更好的效果。

QGA 建立在量子的态矢量表示的基础之上，将量子比特的概率幅表示应用于染色体的编码，使得一条染色体可以表达多个态的叠加，并利用量子逻辑门实现染色体的更新操作，从而实现了目标的优化求解。

（1）量子染色体　在量子遗传理论中，采用双态量子比特系统（Qubit）作为最小单元来进行信息的储存。与经典遗传算法中的比特存储方式不同，一个量子比特有两种状态，即量子比特位并不是确定地表示某一个状态，即可以是"1"，也可以是"0"，或者两者的叠加态都可以是比特位所处的状态，它服从概率统计特性，以一定的概率处于某种状态。在量子理论中，|0> 和 |1> 是两个不同而且独立的量子态，某一时刻的量子比特位的状态可以用它们的线性组合叠加进行表示，即

$$\varphi = \alpha \,|\, 0> + \beta \,|\, 1> \tag{7-2}$$

式中，(α, β) 是一复常数对。

α 与 β 绝对值的平方分别代表量子比特处于 $|\, 0>$ 和 $|\, 1>$ 的概率，称系数 α 和 β 为量子比特的概率幅度，因此通过系数的选择可以使量子比特处于不同连续的叠加态上，其中概率幅度满足

$$|\, \alpha \,|^2 + |\, \beta \,|^2 = 1 \tag{7-3}$$

若将每个量子比特用概率幅度对表示为 $\begin{pmatrix} a \\ \beta \end{pmatrix}$，则通过二进制编码后的染色体 $\boldsymbol{X}_i^t$ 可以表示为

$$\boldsymbol{X}_i^t = \begin{pmatrix} \alpha_{11} & \alpha_{12}\cdots & \alpha_{1k} & \alpha_{21} & \cdots\alpha_{2k} & \cdots\alpha_{m1} & \cdots\alpha_{mk} \\ \beta_{11} & \beta_{12}\cdots & \beta_{11} & \beta_{21} & \cdots\beta_{21} & \cdots\beta_{m1} & \cdots\beta_{mk} \end{pmatrix} \tag{7-4}$$

式中，t 表示个体遗传代数；i 表示第 i 个个体（$i=1$，2，$\cdots$，N，N 代表种群大小）；k 表示每个基因中量子比特的个数；m 表示染色体中基因的个数。

每个比特位概率幅度满足归一化条件见式（7-3）。

可以看出量子染色体比传统遗传算法的编码方式具有更丰富的个体多样性和收敛性，随着迭代次数的增加，$|\alpha|^2$ 或者 $|\beta|^2$ 逐渐收敛到 0 或 1，即种群不断朝着个体最优特征方向进化，种群统一特征逐渐出现，最优个体特征被保留下来，这一确定状态即为个体将收敛方向。

（2）量子旋转门　在量子遗传算法中，通过量子门的方式作用于各个量子比特的概率幅度，来实现各量子状态间的转换，以达到种群中个体的变异更新。在 0、1 编码问题中，量子旋转门可以表示为

$$U=\begin{pmatrix} \cos \Delta \theta & -\sin \Delta \theta \\ \sin \Delta \theta & \cos \Delta \theta \end{pmatrix} \tag{7-5}$$

量子比特调整操作为

$$\begin{pmatrix} \alpha' \\ \beta' \end{pmatrix}=U\begin{pmatrix} \alpha \\ \beta \end{pmatrix} \tag{7-6}$$

式中，$\begin{pmatrix} \alpha' \\ \beta' \end{pmatrix}$ 是个体更新后子代的第 i 个量子比特；$\Delta \theta$ 是旋转变异的角度，由于转角考虑了种群最优个体的信息，通过量子门旋转，种群进化的方向趋于遗传最优解，因此旋转角的符号决定了量子遗传算法收敛的方向，而控制算法的收敛速度与旋转角取值有关，旋转角值越大，其收敛速度就越快；$\begin{pmatrix} \alpha \\ \beta \end{pmatrix}$ 是父代的量子状态概率幅度。

QGA 的核心代码如下：

```
for gen=2:MAXGEN
        %% 对种群实施一次测量
        binary=collapse(chrom);
        %% 计算适应度
        [fitness,X]=FitnessFunction(binary,lenchrom);
        %% 量子旋转门
        chrom=Qgate(chrom,fitness,best,binary);
        [newbestfitness,newbestindex]=max(fitness);   % 找到最佳值
        % 记录最佳个体到 best
        if newbestfitness>best.fitness
                best.fitness=newbestfitness;
                best.binary=binary(newbestindex,:);
                best.chrom=chrom([2*newbestindex-1:2*newbestindex],:);
                best.X=X(newbestindex,:);
        end
        trace(gen)=best.fitness;
 end
```

基于量子遗传算法的函数寻优进化过程如图 7-4 所示。QGA 运行 5 次的最优值及其对应 x、y 坐标值见表 7-3。由结果可以看出，QGA 的收敛速度高于 SGA，但低于 MPGA。QGA 也能顺利得到全局最优解。

表 7-3　QGA 运行 5 次的最优值及其对应 x、y 坐标值

代码运行次数	x	y	最优值
1	12.9003	5.90008	41.8002
2	12.9003	5.90008	41.8002
3	12.9003	5.90008	41.8002
4	12.9003	5.90008	41.8002
5	12.9003	5.90008	41.8002

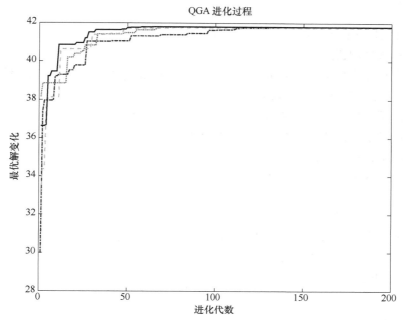

图 7-4　基于量子遗传算法的函数寻优进化过程

7.2　神经网络在智能设计中的应用

资料

航天器大型金属壳段是战略导弹核心承力结构件，其制造优劣直接决定导弹飞行成败。为解决大型金属壳段在机械加工过程中的变形问题，须采用立式车铣复合加工中心进行制造。在精加工工序中，采取逐层车、铣后释放应力（松开零件后重新装夹）的方法控制零件变形，达到控制产品变形的目的，以满足设计要求。然而，大型金属壳段内部形状复杂、加工尺寸多样、横向刚度弱，实际生产中存在工件铣削振动大、精度控制难、制造效率低等问题。究其原因是大型壳段类零件切削加工过程中物理场演化机制不清晰、制造过程数据未有效利用、切削工艺优化缺乏理论支撑。

因此，开展大型金属壳段铣削过程的物理仿真模型研究，明确铣削过程的动态铣削力、铣削振动受机床、刀具、工件、切削参数等因素的影响规律，同时联通切削过程的信息 - 物理系统，构建铣削过程的虚实映射预测模型，对于大型金属壳段的铣削状态监测、工艺参数优化、铣削效率提升具有重要意义。

本案例面向壁板类工件网格铣削过程，以神经网络模型为基础，综合机理模型仿真数据集和实验测量数据集优势，以低保真度代理模型为基础，提出铣削振动 / 弯矩的多保真度代理模型，实现刀具振动位移、刀具铣削弯矩的离线预测和在线计算。

铣削动力学系统中，输入参数与输出参数之间存在确定的非线性函数关系。研究团队以背吃刀量、侧吃刀量、每齿进给量、主轴转速等工艺参数作为系统输入参数，以铣削过程数据（如刀具弯矩 M、铣削力 F、刀具振动位移 S 等）为系统输出参数 y，并假设存在输出参数与输入参数组合——对应的满映射：

$$y=f(a_p,a_e,f,n) \tag{7-7}$$

式中，a_p 是轴向切深；a_e 是径向切深；f 是每齿进给量；n 是主轴转速。

1. 低保真度代理模型

在完成铣削力模型和动力学模型的构建后，可利用铣削力/振动的理论仿真数据集训练获得铣削力/振动机理模型的低保真度代理模型。

由于上述模型构建过程较为复杂，为了更加清楚地结合案例和神经网络，使用一个假设理论模型代替上述系统模型，用函数表示为

$$y=2\sin3x+3\cos2x+2\cos(x+3)+5 \quad x\subseteq[\,2.0,7.5\,]$$
$$\tag{7-8}$$

理论模型图像如图 7-5 所示。

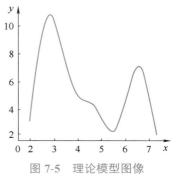

图 7-5 理论模型图像

通过该理论模型，可获得理论数据集 LFD。假设理论数据集包含 100 个数据，可使用 BP 神经网络模型对理论数据集 LFD 进行拟合，具体程序代码如下：

```
# LFD 数据集
def LFunction(num,xmin,xmax):
    LFD = np.zeros((num,2))
    for ii in range(num):
        x = xmin+(xmax-xmin)*ii/num
        y = 2*math.sin(x*3)+3*math.cos(x*2)+2*math.cos(x+3)+5
        LFD[ii,0] = x;
        LFD[ii,1] = y;
    return LFD


# BP 神经网络模型
class LFModule(torch.nn.Module):
    def __init__(self):
        super(LFModule,self).__init__()
        self.LFM = torch.nn.Sequential(
            torch.nn.Linear(1,16), #线性层
            torch.nn.ELU(),        # ELU 激活函数
            torch.nn.Linear(16,8),
            torch.nn.ELU(),
            torch.nn.Linear(8,4),
            torch.nn.ELU(),
            torch.nn.Linear(4,1))
    def forward(self,x):
        y = self.LFM(x)
```

```
        return y

# 训练函数
def Train(x,y,model,optimizer,criterion):
    if torch.cuda.is_available():
        x = x.cuda()
        y = y.cuda()
    out = model(x)                      # 调用模型
    loss = criterion(out,y)      # 损失计算
    cost = loss.cpu().data.numpy()
    loss.backward()                     # 计算梯度
    optimizer.step()
    optimizer.zero_grad()            # 更新模型各层参数
    return cost

# 测试函数
def Test(x,model,criterion):
    if torch.cuda.is_available():
        x = x.cuda()
    out = model(x)
    return out.cpu()

# 主程序
if __name__ == '__main__':
    # 生成 LFD 训练数据集（100 个数据点）
LFD = LFunction(100,2,7.5)
LFD = torch.tensor(LFD.astype(np.float32))
x,y = torch.unsqueeze(LFD[:,0],1),torch.unsqueeze(LFD[:,1],1)

# 模型初始化
model = LFModule()
if torch.cuda.is_available():
        model = model.cuda()

# 优化器定义
optimizer = torch.optim.Adam(model.parameters(),lr = 0.001)

# 损失函数定义
criterion = torch.nn.MSELoss()
```

```
# 开始训练
iteration = 10000                    # 迭代次数
name = './Module/LFtest02.pt'        # 模型名称
model.train()
for ii in range (iteration):
cost = Train(x,y,model,optimizer,criterion)
       if (ii%500 == 0):
              print(" 迭代次数 %d ; 损失值 %f " % (ii ,cost))
torch.save(model.state_dict(),name)      # 保存模型
print(" 损失值 %f ; 保存模型 %s" %(costmin,name))


           # 生成 LFD 测试数据集（1000 个数据点）
LFD = LFunction(1000,2,7.5)
LFD = torch.tensor(LFD.astype(np.float32))
x,y = torch.unsqueeze(LFD[:,0],1),torch.unsqueeze(LFD[:,1],1)


# 初始化测试模型
model = LFModule()
if torch.cuda.is_available():
       model = model.cuda()
           weights = torch.load(name,map_location = 'cuda:0')
model.load_state_dict(weights, strict=True)


# 测试模型
model.eval()
out = Test(x,model,criterion)
out = out.detach().numpy()


           # 结果画图
fig = plt.figure(figsize=(8, 4))
plt.rcParams['font.family'] = ['SimSun', 'Times New Roman']
ax = fig.add_subplot(1,2,1)
ax.set_xlabel("x",fontsize = 7.5)
ax.set_ylabel("y",fontsize = 7.5)
ax.plot(x,y, "-",color='orange', linewidth =1)
ax.plot(x,out,"--", color='red', linewidth =1)
ax.legend([" 理论值 "," 理论值预测 "],fontsize = 7.5,loc="upper right")
plt.tight_layout()
plt.show()
```

BP 神经网络模型拟合理论值图像如图 7-6 所示。

2. 多保真度代理模型

在实际加工过程中，理论模型和实际值之间存在一定误差。通过研究可知，铣削力 / 振动的机理模型仿真结果虽与实测结果之间存在误差，但误差存在确定性和规律性。利用少量实测数据和相应的仿真数据即可训练得到较高精度的误差函数。为此，提出一种多保真度代理模型，综合利用大量较低精度的理论仿真数据和少量高精度的实验数据，分次进行神经网络模型的训练，得到了具有较高准确性的多保真度代理模型。

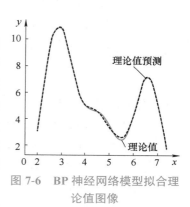

图 7-6　BP 神经网络模型拟合理论值图像

在上述理论模型的基础上，假设真实值与理论值存在偏差，可用下列函数表示：

$$y=2\sin3x+3\cos2x+2\cos(x+3)+2\cos(0.8x+1)+\sin(0.6x-1)+5 \quad x\subseteq[2.0,7.5]$$

$$(7-9)$$

其理论值与真实值的图像对比如图 7-7 所示。

假设通过实验手段获得真实数据集 HFD，但真实数据集 HFD 只包含 5 个数据，同样，可使用上述的 BP 神经网络模型对真实数据集 HFD 进行拟合，BP 神经网络模型拟合真实值图像如图 7-8 所示。

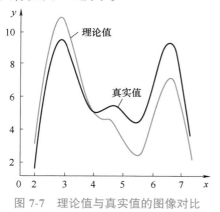

图 7-7　理论值与真实值的图像对比

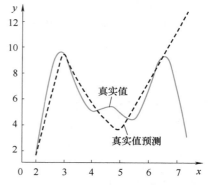

图 7-8　BP 神经网络模型拟合真实值图像

显然，由于真实数据集 HFD 数据量过少，因此直接采用 BP 神经网络模型拟合的效果很差。因此，我们可以结合理论数据集 LFD 量大、真实数据集 HFD 准确的优点，在上述部分的代码基础上，构建 BP 神经网络的多保真度代理模型。具体程序如下：

```
# HFD 数据集
def HFunction(num,xmin,xmax):
    HFD = np.zeros((num,2))
    for ii in range(num):
        x = xmin+(xmax-xmin)*ii/num
        y = 2*math.sin(x*3)+3*math.cos(x*2)+2*math.cos(x+3)+
```

```
2*math.cos(x*0.8+1)+math.sin(x*0.6-1)+5
        HFD[ii,0] = x;
        HFD[ii,1] = y;
    return HFD


# 多保真度代理模型
class LHFModule(torch.nn.Module):
    def __init__(self):
        super(LHFModule,self).__init__()
        # 低保真度模型
        self.LFM = torch.nn.Sequential(
            torch.nn.Linear(1,16),      # 线性层
            torch.nn.ELU(),                 # ELU 激活函数
            torch.nn.Linear(16,8),
            torch.nn.ELU(),
            torch.nn.Linear(8,4),
            torch.nn.ELU(),
            torch.nn.Linear(4,1))
        # 修正
self.HFM = torch.nn.Sequential(
            torch.nn.Linear(2,4),
            torch.nn.ELU(),
            torch.nn.Linear(4,1))
def forward(self,x1):
        y1 = self.LFM(x1)
        x2 = torch.cat((x1,y1),1)
        y2 = self.HFM(x2)
        return y2


# 训练函数
def Train(x,y,model,optimizer,criterion):
    if torch.cuda.is_available():
        x = x.cuda()
        y = y.cuda()
    out = model(x)                  # 调用模型
    loss = criterion(out,y)     # 损失计算
    cost = loss.cpu().data.numpy()
    loss.backward()                 # 计算梯度
    optimizer.step()
```

```
        optimizer.zero_grad()        # 更新模型各层参数
        return cost


# 测试函数
def Test(x,model,criterion):
    if torch.cuda.is_available():
        x = x.cuda()
    out = model(x)
    return out.cpu()


# 主程序
if __name__ == '__main__':
    # 生成 HFD 训练数据集（5 个数据点）
HFD = LFunction(5,2,7.5)
HFD = torch.tensor(HFD.astype(np.float32))
x,y = torch.unsqueeze(HFD[:,0],1),torch.unsqueeze(HFD[:,1],1)


# 模型初始化
model = LHFModule()
if torch.cuda.is_available():
        model = model.cuda()


    # 导入上述第一部分已训练好的低保真度模型参数并使其冻结，不参与训练
prename = './Module/LFtest02.pt'
pretrained_dict = torch.load(prename,map_location = 'cuda:0')
net_dict = model.state_dict()
net_dict.update({k: v for k, v in pretrained_dict.items() if k in net_dict})
model.load_state_dict(net_dict,strict=True)
for name1, param1 in model.named_parameters():
    for name2, param2 in pretrained_dict.items():
        if name1 == name2:
            param1.requires_grad = False


# 优化器定义
optimizer = torch.optim.Adam(model.parameters(),lr = 0.001)


# 损失函数定义
criterion = torch.nn.MSELoss()
```

```
# 开始训练
iteration = 2000                          # 迭代次数
name = './Module/LHFtest02.pt'            # 模型名称
model.train()
for ii in range (iteration):
cost = Train(x,y,model,optimizer,criterion)
    if (ii%500 == 0):
            print(" 迭代次数 %d ; 损失值 %f " % (ii ,cost))
torch.save(model.state_dict(),name)     # 保存模型
print(" 损失值 %f ; 保存模型 %s " %(costmin,name))


        # 生成 HFD 测试数据集（1000 个数据点）
HFD = LFunction(1000,2,7.5)
HFD = torch.tensor(HFD.astype(np.float32))
x,y = torch.unsqueeze(HFD[:,0],1),torch.unsqueeze(HFD[:,1],1)


# 初始化测试模型
model = LHFModule()
if torch.cuda.is_available():
    model = model.cuda()
        weights = torch.load(name,map_location = 'cuda:0')
model.load_state_dict(weights, strict=True)


# 测试模型
model.eval()
out = Test(x,model,criterion)
out = out.detach().numpy()


        # 结果画图
fig = plt.figure(figsize=(8, 4))
plt.rcParams['font.family'] = ['SimSun', 'Times New Roman']
ax = fig.add_subplot(1,2,1)
ax.set_xlabel("x",fontsize = 7.5)
ax.set_ylabel("y",fontsize = 7.5)
ax.plot(x,y, "-",color='orange', linewidth = 1)
ax.plot(x,out,"--", color='red', linewidth =1)
ax.legend([" 理论值 "," 理论值预测 "],fontsize = 7.5,loc="upper right")
plt.tight_layout()
plt.show()
```

多保真度预测图像如图 7-9 所示。

显然，采用多保真度模型拟合的方式，其拟合预测效果得到了明显提升，各方法预测对比图像如图 7-10 所示。

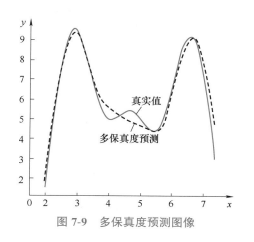

图 7-9 多保真度预测图像

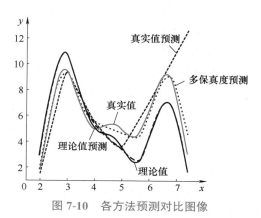

图 7-10 各方法预测对比图像

7.3 模糊逻辑在智能设计中的应用

由于设计过程的可分性和设计状态的多样性，产品设计往往存在多个设计方案，即使对于同一个设计方案不同的人也会有不同的看法，故存在着设计方案优选的问题。又由于设计过程的层次性和迭代性，使得设计方案可能会因为其他设计方面的修改或解决而需要重新考虑，因此，存在产品整体设计目标与局部设计目标之间的协调和统一的问题。这些问题的解决都有赖于科学的产品设计评价。因此，建立一个适用于产品设计各个阶段，能够对设计状态及时地进行评价的设计状态综合评价系统，对提高智能设计的整体综合效益具有重要意义。

然而，在产品设计评价过程中，却存在着许多不确定性因素，例如，一个电动机设计方案的取舍存在着多个评价指标，而这些指标要求又是相互矛盾、相互制约的，需要进行"协调""兼顾"和"侧重"；再如，决定一个电动机设计方案的优劣，不仅要看其是否符合经济性能技术指标要求，还要观察方案的电磁负荷等是否合理，而决定电磁负荷是否合理并没有确定的公式可循，常常需要根据设计经验进行判断。在处理这些因素时，设计者只能依据长期设计过程中积累的模糊的基本准则，凭借经验定性分析做出"比较合理"的评价，因而这些不确定性因素成为制约电动机 CAD（计算机辅助设计）系统智能化发展的难题。

模糊逻辑理论为解决此类不确定性问题提供了有效的工具。应用模糊理论，可以用比较简明的方法，对复杂系统做出合乎实际的处理。因此，本节以电动机智能设计为例，以三相异步电动机为对象，应用模糊数学的相关理论提出一种设计参数的模糊描述方法，并采用模糊综合评价方法建立电动机设计综合评价机制，力图对电动机设计方案的各个方面进行多方位、多阶段、多层次、多视角的全面评价，使评价结果尽量客观，从而取得更好的实际效果。

1. 评价指标体系的建立

在综合评价过程中，首先要确定评价指标体系。在确定评价指标体系时，原则上要求各指标间相互独立，但实际系统中许多属性或指标间存在着相互影响，导致指标内涵的重叠时常发生。而这又将导致评价指标体系中各指标间影响难以准确考虑，在某种程度上造成了指标权重确定的不合理性。

在确定评价指标体系时应满足以下基本要求：

1）评价指标体系的建立必须能全面反映所研究对象的各个方面，并且评价目标和评价指标应有机地联系起来构成一个整体。

2）评价指标体系必须能够反映目标和指标间的支配关系，同时还应根据评价者对不同的评价目标动态地生成相应的指标体系。

3）对于一些评价指标较多、相互关系复杂的系统，一般应对评价指标体系进行系统分析，建立具有层次结构的多级综合评价指标体系。

（1）电动机设计方案的评价指标体系　电动机设计评价指标分为五大类，每一类又可以分为更详细的指标。

1）技术指标：从电动机技术的角度来评价产品设计质量，主要包括额定功率、同步转速等。

2）性能指标：包括电动机的额定效率、功率因数、起动性能以及过负荷能力等。

3）电磁指标：从电动机电磁模型中的参数是否合理来评价设计质量，为电动机调整设计提供参考。

4）经济指标：从经济的角度来评价产品设计质量，包括产品材料成本评价和长期运行经济性能评价等。

5）工艺性指标：从加工工艺的角度来评价产品设计质量，包括槽满率、绕组端部伸出部分长度、定转子齿部（轭部）允许最小尺寸等。

（2）评价指标权重的确定　权重是指标本身的物理属性的客观反映，是主客观综合量度的结果。其往往反映了专家对领域问题理解的一个重要方面，是专家经验和决策者意志的体现，在一定程度上决定了多目标综合的精度，是多指标综合评价的关键。在综合评价决策中，会遇到一些具有变量繁多、结构复杂、不确定因素作用显著等特点的复杂系统，这些复杂系统中决策问题都要求对描述目标相对重要的权系数做出正确的评估。根据计算权系数时原始数据的来源不同，权系数的确定方法大致可分为以下 3 种：

1）主观赋权法。原始数据由专家经验判断得到，其方法有专家调查法、二项系数法、环比评分法、层次分析法等。专家不同，得出的权系数也不同。其主要缺点是主观随意性较大；优点是专家根据实际问题，合理地确定各指标权系数之间的排序，不至于出现指标系数与指标实际重要程度相悖的情况。

2）客观赋权法。原始数据来自评价矩阵的实际数据，切断了权系数主观性的来源，使权系数具有充分的客观性。其方法包括主成分分析法、值赋权法、均方差法等。其缺点是确定的权系数有时与实际相悖；优点是权系数的客观性强，可有效避免人在评价中的主观片面性。

3）组合赋权法。组合赋权法是人们根据主观赋权法和客观赋权法的优点而提出的一种综合方法。组合赋权法又可分为线性加权组合法和乘法合成归一化法两类，但它们也不尽完善。乘法合成归一化法仅适用于指标权系数分配较均匀的情况，线性加权组合法确定的权系数则不一定合理。

综上可知，主观赋权法在确定权系数中虽具有主观性，但在确定权系数的排序方面具有较好的合理性，并且在实际应用中一般也难以得到足够的反映系统运行结果的实际数据，故主观赋权法的运用更切合实际情况。根据复杂系统中不同的子目标集往往具有不同的性质和特点，以及不同决策者的权系数赋值方法也不一定相同，又可将实际应用中的主观多目标权系数赋值方法分为点估计法、模糊区间映射法与定性估计法三种。

2. 评价指标隶属度的建立

多目标决策的显著特点之一是目标间没有统一的度量标准，若直接使用评价指标值的属性值，则不便于分析和比较各目标。因此，在进行综合评价前，应先将评价指标的属性值统一变换到 $[0, 1]$ 范围内，即对评价指标属性值进行量化。

（1）定量指标特征值的量化　各指标属性值量化的方法随评价指标的类型不同而不同，一般来说，电动机的评价指标主要有效益型指标、成本型指标、固定型指标和区间型指标四种类型。固定型指标是指属性值以某一固定值为最佳的指标；区间型指标是指属性值落在某一区间内为最佳的指标；效益型指标是指属性值越大越好的指标；成本型指标是指属性值越小越好的指标。电动机主要评价指标的隶属度函数类型。

上述分类为评价指标描述确定了基本原则。在评价过程中，设计专家通常采用模糊性文字来描述评价结果，如效率设计值很好、功率因数基本合格、起动转矩不足等。因此，在电动机设计模糊综合评价系统中采用以下方法描述评价指标：

1）建立评价指标的语义描述集，如 A=(优，合格，不合格}。

2）建立评价指标对于各语义描述值的隶属度函数，将评价指标的计算结果转化为1）中的各语义描述的隶属度。

其中构造各指标隶属函数是建立模糊综合评价系统的核心，隶属函数构造质量的好坏，直接决定着评价系统的优劣。在具体实施时应根据评价指标的不同特点，选择合适的方法。下面以电动机额定效率的隶属函数建立过程为例，介绍评价指标的描述方法。

设 α_0 为设计期望值，α 为设计值，令 $x=(\alpha-\alpha_0)/\alpha_0$，$\mu_1(x)$、$\mu_2(x)$ 和 $\mu_3(x)$ 分别表示设计效率对优、合格、不合格的隶属函数。根据表 7-4，电动机效率属于效益型指标，即属

表 7-4　电动机主要评价指标的隶属度函数类型

评价指标	隶属度函数	评价指标	隶属度函数	评价指标	隶属度函数
额定功率	固定型	功率因素	效益型	定子轭部磁通密度	区间型
额定转速	固定型	起动电流	成本型	转子齿部磁通密度	区间型
材料成本	成本型	起动转矩	效益型	转子轭部磁通密度	区间型
运行成本	成本型	最大转矩	效益型	定子绕组电流密度	区间型
槽满率	区间型	热负荷	成本型	转子导条电流密度	区间型
额定效率	效益型	定子齿部磁通密度	区间型		

性值越大越好。然而，在实际生产过程中，效率值应是在一定的范围内越大越好，超出此范围后单纯追求效率的最大化，可能会导致电动机的其他指标（如制造成本、材料成本等）急剧上升，没有实际意义；另外，考虑到制造过程中材料、工艺等的分散性，国家标准中对电动机的额定效率也有具体的规定，允许有一定的容差，即允许效率在一个较小的范围内低于设计要求值。

设 $G_1=(\alpha_1-\alpha_0)/\alpha_0$，$G_2=(\alpha-\alpha_0)/\alpha_0$，$G_3=(\alpha_2-\alpha_0)/\alpha_0$，其中，$\alpha_1$ 是国家标准中规定的效率容差下限值，α_2 是国家标准中规定的效率容差上限值。对应电动机的效率、功率因数、最大转矩、起动转矩和起动电流等主要性能指标的要求是确定的具体数值，但由于测试手段和工艺水平的限制，在考虑这些性能指标时，也允许存在一定的容差，关于电动机主要性能指标的容差规定见表 7-5。

表 7-5 关于电动机主要性能指标的容差规定（摘自 GB/T 755—2019）

名称	容差
额定效率	-15% $(1-\eta)$，额定功率低于 150kW； -10% $(1-\eta)$，额定功率高于 150kW，η 为效率保证值
功率因数	$-(1-\cos\varphi)/6$，最大绝对值 0.07，最小绝对值 0.02，$\cos\varphi$ 为功率因数保证值
最大转矩	保证值的 -10%，计及容差后，转矩值应不小于额定转矩的 1.5 或 1.6 倍
堵转转矩	保证值的 $[-15\%, +25\%]$，协议后可超过 $+25\%$
堵转电流	保证值的 $+20\%$

1）当效率设计值高于设计要求值时，评价结果为"优"的可能性最大，且效率设计值越高，评价结果为"优"的概率越大，即

$$\mu_1(x) = \begin{cases} 0, & x < G_2 \\ 0.5+0.5\sin\left[\dfrac{\pi}{G_3-G_2}\left(x-\dfrac{G_2+G_3}{2}\right)\right], & G_2 \leqslant x < G_3 \\ 1, & x \geqslant G_3 \end{cases} \tag{7-10}$$

2）当效率设计值等于设计要求值时，评价结果为"合格"的可能性最大，随着效率的设计值离设计要求值的距离加大，"合格"的概率也在下降，即

$$\mu_2(x) = \begin{cases} 0, & x < G_1 \\ 0.5+0.5\sin\left[\dfrac{\pi}{G_2-G_1}\left(x-\dfrac{G_1+G_2}{2}\right)\right], & G_1 \leqslant x < G_2 \\ 1, & x = G_2 \\ 0.5-0.5\sin\left[\dfrac{\pi}{G_3-G_2}\left(x-\dfrac{G_3+G_2}{2}\right)\right], & G_2 < x < G_3 \\ 0, & x \geqslant G_3 \end{cases} \tag{7-11}$$

3）当效率设计值低于设计要求值时，评价结果为"不合格"的可能性最大，效率设计值越小，评价结果为"不合格"的概率越大，即

$$\mu_3(x) = \begin{cases} 1, & x < G_1 \\ 0.5 - 0.5\sin\left[\dfrac{\pi}{G_2 - G_1}\left(x - \dfrac{G_1 + G_2}{2}\right)\right], & G_1 \leqslant x < G_2 \\ 0, & x \geqslant G_2 \end{cases} \tag{7-12}$$

效益型评价指标的隶属函数的曲线如图 7-11a 所示。按相同方式可以确定固定型、区间型和成本型评价指标的隶属函数，其曲线如图 7-11b~d 所示。

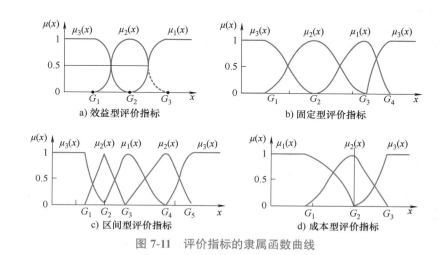

图 7-11　评价指标的隶属函数曲线

（2）定性指标特征值的量化　由于在实际设计中，设计经验知识常常表示为语言变量，例如，效率低于设计要求时，为提高效率，有下列经验知识。当效率偏低时，如果功率因数和起动电流有余量，可以减少每槽导体数。因此将偏差系数以模糊语言变量表示，可以使得规则表达过程中，一个因数的所有变化只对应于一条规则，减少了规则数量，提高效率。据此，可以在设计方案评价时，将效率表示为模糊语言变量，符合人们平常的设计习惯，便于设计方案的综合评价。其他性能指标也可参照上述步骤进行模糊表达，只是在确定起动电流偏差系数的隶属函数时，考虑到起动电流要求越低越好，必须进行一致化处理。

评价电动机设计方案时，不仅要看主要性能指标是否满足设计要求，还要考虑电动机的电磁负荷等参量分配是否合理。对于如热负荷、电流密度、磁通密度等电磁参量，其取值一般不是一个确定值，而是一定的取值范围，因此，采用模糊理论中的语言描述词定性描述热负荷、定子齿部磁通密度、定子轭部磁通密度、转子齿部磁通密度、转子轭部磁通密度、气隙磁通密度、定子绕组电流密度、转子导条电流密度、槽满率等参量。

首先，依据隶属函数确定参数的识别系数：

$$S = \begin{cases} 1.0, & X > X_{\max} \\ 0.75, & X_{\max} \geqslant X > X_2 \\ 0.5, & X_2 \geqslant X \geqslant X_1 \\ 0, & X < X_1 \end{cases} \tag{7-13}$$

式中，X 是电磁参量计算值；X_1 是电磁参量正常范围下限；X_2 是电磁参量正常范围上限；X_{max} 是电磁参量上限。

由式（7-13）确定识别系数 S 后，根据模糊语义转换机制，分别与语言描述词偏小（$S=0$）、适中（$S=0.5$）、偏大（$S=0.75$）、过大（$S=1$）相对应。Y2 系列电动机热负荷和电磁负荷控制范围分别见表 7-6 和表 7-7。

表 7-6　Y2 系列电动机热负荷控制范围　　　　（单位：KJ/h）

机座号	2 极	4 极	6 极	8、10 极
65~132	1400~1600	1500~1900	1600~2000	1700~2100
160~280	1100~1400	1300~1700	1400~1800	1500~1900
315~355	700~1000	900~1100	900~1100	900~1100

表 7-7　Y2 系列电动机电磁负荷控制范围

机座号	63~112	132~160	180~355
定子齿部磁通密度 /T	1.40~1.55	1.48~1.54	1.45~1.53
定子轭部磁通密度 /T	1.30~1.45	1.30~1.42	1.30~1.40
转子齿部磁通密度 /T	1.50~1.56	1.40~1.55	1.40~1.54
转子轭部磁通密度 /T	1.00~1.50	1.00~1.50	1.00~1.50
气隙磁通密度 /T	0.68~0.75	0.60~0.78	0.58~0.80
定子绕组电流密度 /（A/mm²）	6.00~8.00	4.50~7.50	3.60~6.50
转子导条电流密度 /（A/mm²）	3.00~4.50	2.50~4.00	2.00~3.50

3. 电动机设计方案的模糊综合评价

电动机评价指标体系是一个树形结构，与此相对应，电动机设计方案的评价是个多级多目标综合评价的过程。先从最底层的评价指标开始逐层往上评价，直至到达总评价目标为止。因此电动机设计方案的模糊综合评价首先从单级评价开始。

（1）单级评价模型的建立　单级评价过程如下。

1）建立评语集 $V=\{v_1, v_2, \cdots, v_m\}$。对于电动机设计方案，评语集可设置为很好、较好、一般、较差或者优、合格、基本合格、不合格等。

2）建立评价指标集 $U=\{u_1, u_2, \cdots, u_n\}$。评价指标能综合地反映出对象的质量，因而可由这些因素来评价对象。以电动机性能要求评价为例，其评价指标为 { 额定功率，额定转速 }。

3）建立一个从 U 到 V 的模糊映射，确定各指标对各评语的相对隶属度 $f: U \to F(V)$，$\forall u_i \in U$，由 F 可以诱导出模糊关系，得到模糊矩阵 $\boldsymbol{R}$ 为

$$R=\begin{pmatrix} r_{11} & r_{12} & \cdots & r_{1m} \\ r_{21} & r_{22} & \cdots & r_{2m} \\ \vdots & \vdots & & \vdots \\ r_{n1} & r_{n2} & \cdots & r_{nm} \end{pmatrix} \tag{7-14}$$

式中，r_{ij} 是评价指标 i 对评语 j 的相对隶属度。R 称为单目标评判矩阵。于是（U，V，R）构成了一个综合评判模型。

4）由于对 U 中各个指标有不同的侧重，需要对每个指标赋予不同的权重，它可表示为 U 上的一个模糊子集 $A=(a_1, a_2, \cdots, a_n)$，$a_i$ 表示指标 i 在指标集中的重要地位。在 R 与 A 求出之后，则评判模型为

$$B=A\circ R \tag{7-15}$$

式中，"∘"表示矩阵乘法运算。记 $B=(b_1, b_2, \cdots, b_n)$，它是一个模糊子集，$b_j$ 为向量 B 的第 j 个分量，也即模糊综合评价中对 j 个评语的隶属度，其中

$$b_j = \bigvee_{i=1}^{n} (a_i \wedge r_{ij}) , \quad j=1,2,\cdots,m \tag{7-16}$$

（2）电动机设计方案评价实例 对一台高速主轴电动机初始设计的结果进行评价。该电动机 $P=3.5kW$，$U=350V$，$f=1000Hz$，为 2 极电动机。经过概念设计过程得到一个初始设计方案，下面按上述方法首先对各子目标进行评价，电动机设计方案单目标评价结果见表 7-8。

表 7-8 电动机设计方案单目标评价结果

评价指标		设计要求值	设计值	权值	相对隶属函数			
					优	合格	基本合格	不合格
性能要求	P	3.5kW	3.5kW	0.6	0.52	0.48	0.0	0.0
	n	60000r/min	59063r/min	0.4	0.42	0.58	0.02	0.0
	评价结果				0.48	0.512	0.08	0.0
技术指标	效率	81%	80.41%	0.3	0.28	0.52	0.20	0.0
	功率因数	74%	72.68%	0.2	0.24	0.57	0.19	0.0
	热负荷	3200W	3304W	0.2	0.28	0.42	0.30	0.06
	最大转矩	2.0N·m	2.54N·m	0.1	0.65	0.35	0.0	0.0
	起动转矩	1.2N·m	1.72N·m	0.1	0.70	0.30	0.0	0.0
	起动电流	4.0A	3.63A	0.1	0.60	0.40	0.0	0.0
	评价结果				0.383	0.459	0.158	0.012

（续）

评价指标		设计要求值	设计值	权值	相对隶属函数			
					优	合格	基本合格	不合格
电磁参数	定子齿部磁通密度	1.0~1.1T	0.82T	0.17	0.54	0.46	0.0	0.0
	定子轭部磁通密度	1.1~1.2T	1.22T	0.16	0.28	0.64	0.08	0.0
	转子齿部磁通密度	1.0~1.1T	0.73T	0.17	0.53	0.47	0.0	0.0
	转子轭部电流密度	12~16A/m²	14.5A/m²	0.17	0.58	0.42	0.0	0.0
	转子导条电流密度	12~16A/m²	15.0A/m²	0.17	0.52	0.48	0.0	0.0
	转子轭部磁通密度	1.1~1.2T	0.80T	0.16	0.54	0.46	0.0	0.0
	评价结果				0.498	0.488	0.013	
工艺指标	槽满率	72%~76%	74.4%	1.0	0.58	0.42	0.0	0.0
	评价结果				0.58	0.42	0.0	0.0
经济指标	材料成本		19.85 元	0.6	0.5	0.5	0.0	0.0
	运行成本		214.87 元	0.4	0.46	0.54	0.0	0.0
	评价结果				0.484	0.516	0.0	0.0

在此基础上再进行综合评价，电动机设计方案综合评价结果见表 7-9。从表 7-9 可以看出此方案应判定为合格方案，可以在此基础上进一步进行优化设计。

表 7-9　电动机设计方案综合评价结果

评价指标	权值	评语			
		优	合格	基本合格	不合格
技术指标	0.3	0.48	0.512	0.08	0.0
性能要求	0.3	0.383	0.459	0.158	0.012
电磁参数	0.1	0.498	0.488	0.013	0.0
经济指标	0.15	0.484	0.516	0.0	0.0
工艺指标	0.15	0.58	0.42	0.0	0.0
综合评价结果		0.468	0.481	0.084	0.004

科学家科学史
"两弹一星"功勋科
学家：屠守锷

第 **8** 章

智能设计方法的案例分析

课程视频

PPT 课件

8.1 机械设计中的智能设计案例

8.1.1 机械设计

机械设计（Machine Design）是根据使用要求对机械的工作原理、结构、运动方式、力和能量的传递方式、各个零件的材料和形状尺寸、润滑方法等进行构思、分析和计算并将其转化为具体的描述以作为制造依据的工作过程。

机械设计是机械工程的重要组成部分，是机械生产的第一步，是决定机械性能的最主要的因素。机械设计的目标是在各种限定的条件（如材料、加工能力、理论知识和计算手段等）下设计出最好的机械，即做出优化设计。优化设计需要综合地考虑许多要求，一般包括最好工作性能、最低制造成本、最小尺寸和重量、使用中最可靠、最低消耗和最少环境污染。这些要求常是互相矛盾的，而且它们之间的相对重要性因机械种类和用途的不同而异。设计者的任务是按具体情况权衡轻重，统筹兼顾，使设计的机械有最优的综合技术经济效果。在过去，设计的优化主要依靠设计者的知识和经验。随着机械工程基础理论和价值工程、系统分析等新学科的发展，制造和使用的技术经济数据资料的积累，以及计算机的推广应用，优化设计逐渐舍弃主观判断而依靠科学计算。

各产业机械设计，特别是整体和整机系统的机械设计，须依附于各有关产业的技术而难以形成独立的学科，因此出现了农业机械设计、矿山机械设计、泵设计、压缩机设计、汽轮机设计、内燃机设计、机床设计等专业性的机械设计分支学科。

机械设计可分为新型设计、继承设计和变型设计。

1）新型设计：应用成熟的科学技术或经过实验证明是可行的新技术，设计过去没有过的新型机械。

2）继承设计：根据使用经验和技术发展对已有的机械进行设计更新，以提高其性能、降低其制造成本或减少其运行费用。

3）变型设计：为适应新的需要对已有的机械工作部分的修改或增删而发展出不同于标准型的变型产品。

根据人们设计机器的长期经验，一部机器的设计程序基本上包含如下几个阶段：

1）计划阶段。在计划阶段，应对所设计的机器的需求情况做充分的调查研究和分析。通过分析，进一步明确机器应具有的功能，并为以后的决策提出由环境、经济、加工以及时限等各方面所确定的约束条件。在此基础上，明确地写出设计任务的全面要求及细节，最后形成设计任务书，作为本阶段的总结。

2）方案设计阶段。根据不同的工作原理，可以拟定多种不同的执行机构的具体方案。即使对于同一种工作原理，也可能有几种不同的结构方案。在如此众多的方案中，技术上可行的仅有几个。对这几个可行的方案，要从技术方面和经济及环保等方面进行综合评价。当根据经济性进行评价时，既要考虑到设计及制造时的经济性，也要考虑到使用时的经济性。当评价结构方案的设计制造经济性时，还可以用单位功效的成本来表示。环境保护也是设计中必须认真考虑的重要方面。对环境造成不良影响的技术方案，必须详细地进行分析，并提出技术上成熟的解决办法。进行机器评价时，还必须对机器的可靠性进行分析，把可靠性作为一项评价的指标。

在方案设计阶段，要正确地处理好借鉴与创新的关系。同类机器成功的先例应当借鉴，原先薄弱的环节及不符合现有任务要求的部分应当加以改进或者从根本改变。既要积极创新，反对保守和照搬原有设计，也要反对一味求新而把合理的原有经验弃置不用。通过方案评价，最后进行决策，确定一个用于下步技术设计的原理图或机构运动简图。

3）技术设计阶段。技术设计阶段的目标是产生总装配草图及部件装配草图。通过草图设计确定出各部件及其零件的外形及基本尺寸，包括各部件之间的连接，零部件的外形及基本尺寸。最后绘制零件图、部件装配图和总装配图。

在技术设计的各个步骤中，近三四十年来发展起来的优化设计技术，越来越显示出它可使结构参数的选择达到最佳的能力。一些新的数值计算方法，如有限元法等，可使以前难以定量计算的问题获得极好的近似定量计算的结果。对于少数非常重要、结构复杂且价格昂贵的零件，在必要时还需要用模型试验方法来进行设计，即按初步设计的图样制造出模型，通过试验，找出结构上的薄弱部位或多余的截面尺寸，据此进行加强或减小来修改原设计，最后达到完善的程度。

4）技术文件编制阶段。技术文件的种类较多，常用的有机器的设计计算说明书、使用说明书、标准件明细表等。编制设计计算说明书时，应包括方案选择及技术设计的全部结论性的内容。编制供用户使用的机器使用说明书时，应向用户介绍机器的性能参数范围、使用操作方法、日常保养及简单的维修方法、备用件的目录等。其他技术文件，如检验合格单、外购件明细表、验收条件等，视需要与否另行编制。

8.1.2　智能设计

智能设计是指应用现代信息技术，采用计算机模拟人类的思维活动，提高计算机的智能水平，从而使计算机能够更多、更好地承担设计过程中的各种复杂任务，成为设计人员的重要辅助工具。

在机械设计中，智能设计的应用具有以下特点。

1）实现过程自动化：人工智能技术的应用，使得机械设计的方法趋于多样化，力图在整个设计过程中实现过程自动化，从而最大限度地减少人类专家在设计过程中可能由于个人局限而造成的不足。

2）提高设计效率和质量：利用人工智能技术，可以实现机械设计的自动化和过程优化，提高设计效率和质量。例如，西门子公司的智能设计系统可以自动完成机械零部件的设计，并随时优化设计参数，提高零部件的使用性能和质量。

3）提供数据信息支持：人工智能技术还可以与大数据、云计算等新型信息技术相结合，进而从互联网中检索有利于实现机械设计制造的数据信息，为机械设计制造提供重要的数据信息支持，确保所提出的设计更符合当前时代需求，提高机械设计制造的效率。

4）保障生产安全：基于自动化的机械设计制造能保障生产安全，用人工智能来代替传统的人工操作方式，再合理安装24h运行的监控系统，这样一旦有危险情况发生，便可以启动应急处理方案，从而有效解决机械设计制造过程中的人员伤亡问题，切实保障机械设计制造的安全性和稳定性。

5）促进效率的提升：在机械设计制造过程中由人工操作的一些复杂环节，容易出现各种各样的问题，直接影响机械设计制造的生产率。基于自动化技术的机械设计制造极大地促进了效率的提升。

8.1.3　工业设计软件

目前，对工业软件概念的界定还没有统一。根据2020年编写的《中国工业软件产业白皮书》，工业软件是工业技术/知识、流程的程序化封装与复用，能够在数字空间和物理空间定义工业产品和生产设备的形状、结构，控制其运动状态，预测其变化规律，优化制造和管理流程，变革生产方式，提升全要素生产率，是现代工业的"灵魂"。

就工业软件本身而言，由于工业门类复杂，工业软件种类繁多，分类维度和方式一直呈现多样化趋势，目前国内外均没有公认、适用的统一分类方式。一种在业界较为常用的聚类划分方法，是把工业软件按照产品生命周期的阶段或环节，大致划分为研发设计类软件、生产制造类软件、运维服务类软件和经营管理类软件，工业软件的聚类划分见表8-1。

表8-1　工业软件的聚类划分

类型	软件类别
研发设计类	计算机辅助设计（CAD）、计算机辅助工程（CAE）、计算机辅助制造（CAM）、计算机辅助工艺设计（CAPP）、产品数据管理（PDM）、产品生命周期管理（PLM）、电子设计自动化（EDA）等
生产制造类	可编程逻辑控制器（PLC）、分布式数字控制（DNC）、集散式控制系统（DCS）、数据采集与监控系统（SCADA）、生产计划排产（APS）、环境管理体系（EMS）、制造执行系统（MES）等
运维服务类	资产性能管理（APM）、维护维修运行管理（MRO）、故障预测与健康管理（PHM）等
经营管理类	企业资源计划（ERP）、财务管理（PM）、供应链管理（SCM）、客户关系管理（CRM）、人力资源管理（HRM）、企业资产管理（EAM）、知识管理（KM）等

研发设计类软件是指用于支持产品研发设计过程，以提高研发设计效率、降低开发成本、缩短开发周期、提高产品质量的工业软件，需要工程、数学、物理和计算机等多种专业知识储备。

我国工业增加值约占全球比重的1/3，但工业软件产业规模仅占全球不到10%的份额，产业发展空间巨大。对于国内的CAD/CAE软件市场，目前约80%以上的供应商来自国外，被法国达索系统（Dassault Systems）公司、德国西门子（Siemens）公司、美国参数技术（PTC）公司、美国Autodesk公司和美国ANSYS公司所垄断。国产CAD/CAE软件公司，目前以中望龙腾、浩辰软件和索辰科技等上市公司为代表，市场规模小，在功能上与国外软件相差较大，关键技术自主可控程度较低。

8.1.4 CAD技术基础

CAD技术自其诞生之初至今，经过了漫长的发展历程。早在20世纪60年代，随着计算机技术的初步发展，CAD技术开始萌芽，主要应用于简单的二维图形设计和初步的三维建模。随着计算机技术的飞速发展和计算能力的提升，CAD技术逐渐演进，从二维绘图向三维实体建模转变，从简单的几何形状绘制到复杂的装配体设计。到了20世纪90年代，随着参数化设计、特征造型等先进设计方法的出现，CAD技术迎来了又一次的飞跃。进入21世纪后，随着云计算、大数据、人工智能等新技术的兴起，CAD技术正在向智能化、集成化、协同化的方向发展。

CAD技术的基本概念涵盖了使用计算机及其相关软件来辅助设计师进行各种设计活动，包括但不限于产品设计、工程分析、文档制作以及项目管理等。CAD技术的核心在于将传统的设计过程数字化，使设计师能够更快速、更准确地进行设计，并方便地进行设计修改和迭代。

CAD技术在机械设计中应用广泛，它极大地提高了设计效率和精度。下面是CAD在机械设计中的一些主要应用。

1）二维绘图和三维建模：CAD软件能够进行复杂的二维绘图和三维建模，这对于机械设计至关重要。设计师可以在计算机上绘制精确的零件图和装配图，这些图样是制造过程中的重要参考。

2）设计方案优化：利用CAD技术，设计师可以快速修改和优化设计方案。设计师可以轻松地调整尺寸、形状和材料等参数，以找到最佳的设计解决方案。

3）提高准确性：CAD软件能够确保设计数据的精确性，因为它允许设计师以数字方式输入尺寸和公差。这样可以减少人为错误，确保图形方案符合相关要求。

4）仿真和分析：许多CAD软件包含仿真工具，可以在设计阶段进行力学、热学、动力学等方面的分析。这有助于预测产品在实际使用中的表现，从而在生产之前对设计进行调整。

5）生产率提升：通过使用CAD技术，机械设计制造的效率得到了显著提高。设计师可以快速生成和修改设计，缩短了产品开发周期。

6）便于沟通和协作：CAD文件可以在不同的团队成员和部门之间轻松共享，便于沟通和协作。这对于团队合作完成复杂项目尤为重要。

7）支持自动化和定制化生产：CAD技术可以与CAM、CAE等其他技术集成，实现设计到制造的无缝对接，支持产品的自动化和定制化生产。

随着技术的不断进步，CAD在机械设计领域的应用将更加深入和广泛。

8.1.5　CAD在机械设计中的应用案例

以智能手机外壳的设计为例。手机外壳作为保护手机并增加其美观性的重要组件，其设计市场呈现出多样化、个性化和创新化的趋势。手机外壳的设计主要集中在材料选择、结构设计、美学外观以及功能性等方面。基于 CAD 的手机外壳设计流程可以分为概念设计阶段、详细设计阶段、模拟仿真与优化迭代阶段。

资料

1）概念设计阶段。概念设计阶段是整个设计过程的起点，也是最为关键的阶段。在这一阶段，设计师需要深入了解手机外壳的市场需求、用户喜好以及产品定位，将这些抽象的概念转化为具体的设计语言。设计师通过手绘草图、初步设计三维模型等方式，探索不同的设计方向，并筛选出最具创新性和可行性的设计方案。

在概念设计阶段，CAD 软件的应用主要体现在以下几个方面：首先，设计师可以利用 CAD 软件的建模功能，将初步的设计构想迅速转化为三维模型，以便于后续的深入设计和优化；其次，CAD 软件的分析工具可以帮助设计师对设计方案进行初步评估，例如通过碰撞检测、材料分析等功能，预测设计方案在实际生产中的可行性；最后，CAD 软件还提供了丰富的渲染和可视化工具，使设计师能够更直观地展示设计方案，与团队成员或客户进行更有效的沟通。

2）详细设计阶段。详细设计阶段是在概念设计阶段基础上进行的深化和优化过程。在这一阶段，设计师需要对手机外壳的各个细节进行深入研究和设计，包括外壳的形状、尺寸、内部结构、材料选择等。通过不断调整和优化设计方案，设计师需要确保手机外壳在满足功能性需求的同时，也能达到良好的用户体验和审美效果。

在详细设计阶段，CAD 软件的应用更加广泛。设计师可以利用 CAD 软件的各种建模工具，如曲线、曲面、实体等建模功能，精确地创建手机外壳的三维模型。同时，CAD 软件还提供了丰富的材料库和纹理库，使设计师能够方便地选择和调整外壳的材料和质感。此外，设计师还可以利用 CAD 软件的参数化设计功能，对设计方案进行快速调整和修改，提高设计效率。

3）模拟仿真与优化迭代阶段。在完成详细设计阶段后，设计师需要进行模拟仿真和优化迭代，以确保设计方案在实际应用中的可行性。在这一阶段，CAD 软件发挥着至关重要的作用。

模拟仿真是指利用 CAD 软件对设计方案进行虚拟测试，以预测其在实际使用中的表现。例如，设计师可以利用 CAD 软件进行结构分析，评估手机外壳在不同外力作用下的强度和稳定性；通过热分析，预测外壳在长时间使用过程中的热分布和散热性能；通过运动仿真，模拟手机与外壳在实际操作中的互动效果。这些模拟仿真结果可以为设计师提供宝贵的反馈，帮助他们发现设计方案中可能存在的问题和不足之处。

基于模拟仿真的结果，设计师需要进行优化迭代，对设计方案进行进一步的改进和完善。优化迭代的过程可能涉及多个方面，如调整外壳的尺寸和形状以提高握持舒适度、优化内部结构以提高散热性能、改进材料选择以提高耐用性等。在这一阶段，CAD 软件的参数化设计和建模功能再次发挥了重要作用，使设计师能够迅速地对设计方案进行修改和优化。

　　通过模拟仿真与优化迭代阶段，设计师可以确保最终的手机外壳设计方案既符合市场需求和用户期望，又具有良好的功能性和性能表现。这一阶段不仅提高了设计的准确性和可靠性，也大大缩短了产品从设计到市场的时间周期。

　　采用 SpaceClaim 软件绘制的智能手机外壳的背面和正面如图 8-1 所示。该智能手机外壳的三维模型可以采用图 8-2 所示的二维工程图进行参数化设计。

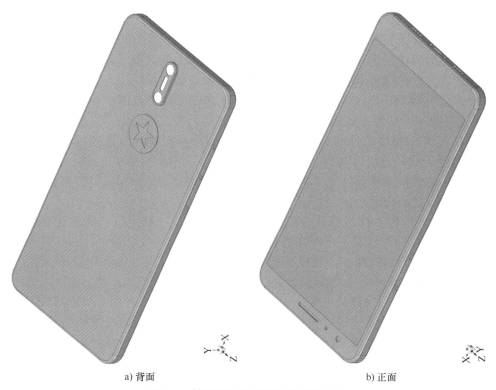

a) 背面   b) 正面

图 8-1   某智能手机外壳的背面和正面

8.1.6   CAE技术基础

　　CAE 是一种利用计算机技术和数值分析方法，对工程问题进行模拟、分析和优化的综合性技术。CAE 结合了计算机科学、数学、物理学和工程学等多个学科的知识，为工程师提供了一个强大的工具，可以在产品设计、制造和维护过程中，预测产品的性能、可靠性和经济性。

　　CAE 技术通过构建数学模型，将实际工程问题转化为数学问题，并利用高性能计算机进行数值求解。这些数学模型可以描述工程中的物理现象，如结构力学、流体动力学、热力学等，从而实现对工程问题的全面分析。CAE 技术不仅提高了工程设计的准确性和可靠性，还缩短了产品开发周期，降低了成本，为现代工程领域的发展提供了强有力的支持。

　　CAE 技术在现代工程领域具有重要的地位和作用。它不仅提高了工程设计的准确性和可靠性，缩短了产品开发周期，降低了成本，还推动了工程领域的技术进步和创新发展。

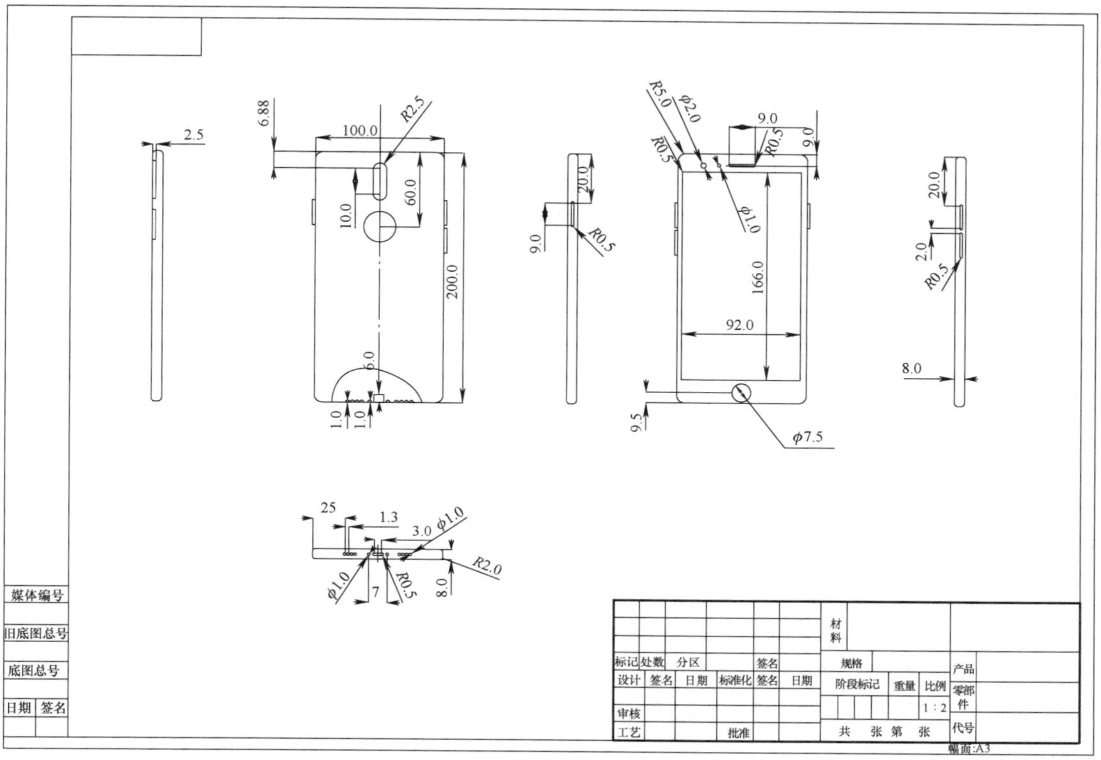

图 8-2　某智能手机外壳的二维工程图

CAE 的历史可以追溯到 20 世纪 50 年代，当时计算机技术刚刚起步，科学家们开始尝试将数学模型与计算机技术结合，以解决复杂的工程问题。最初的 CAE 技术主要用于结构力学分析，随着计算机技术的飞速发展，CAE 逐渐扩展到其他工程领域，如流体动力学、热力学等。

20 世纪 60 年代，有限元分析（FEA）技术的出现为 CAE 技术的发展奠定了坚实的基础。有限元分析通过将复杂的工程问题分解为一系列简单的子问题，利用数学方法求解，从而实现对整个系统的模拟和分析。随着有限元分析技术的不断完善和成熟，CAE 技术的应用范围越来越广泛。

进入 21 世纪后，随着高性能计算、云计算等技术的发展，CAE 技术在数据处理能力、分析精度和效率等方面取得了显著进步。如今，CAE 技术已经成为工程设计和制造业不可或缺的重要工具，为工程领域的发展提供了强大的技术支持。

著名的 CAE 软件有 ANSYS、ABAQUS 等。ANSYS 是一款由美国 ANSYS 公司研制的大型通用有限元分析软件，也是全球范围内发展最快的 CAE 软件。ANSYS 以其强大的功能和广泛的应用领域，在工程界享有极高的声誉。ANSYS 的功能非常强大，它包含丰富的单元类型和材料模型库，能够模拟各种工程材料的性能。这使得 ANSYS 在核工业、铁道、石油化工、航空航天、机械制造、能源、汽车交通、国防军工、电子、土木工程、造船、生物医学、轻工、地矿、水利、日用家电等多个领域有着广泛的应用。同时，其操作简单方便，已成为国际最流行的有限元分析软件，在历年的 FEA 评比中都名列第一。在我国，就有 100 多所理工院校采用 ANSYS 软件进行有限元分析或者作为标准教学软件。

ABAQUS 是一款功能强大的工程模拟有限元软件，其在解决复杂工程问题上表现出色，特别是在处理高度非线性问题时，ABAQUS 被公认为是业界领先的软件之一。它拥有一个丰富的单元库，可以模拟任意几何形状，并且拥有各种类型的材料模型库，能够模拟典型工程材料的性能，包括金属、橡胶、高分子材料、复合材料、钢筋混凝土、可压缩超弹性泡沫材料以及土壤和岩石等地质材料。除了能解决大量结构（应力／位移）问题，ABAQUS 还可以模拟其他工程领域的许多问题，如热传导、质量扩散、热电耦合分析、声学分析、岩土力学分析（流体渗透／应力耦合分析）及压电介质分析等。这使得ABAQUS 成为一个通用的模拟工具，能够应用于多个工程领域。

随着科技的快速发展和工程领域的日益复杂，CAE 技术也面临着多方面的挑战。其中，数据精度问题是一大难题。在实际工程应用中，由于数据来源的多样性、数据采集和处理过程中的误差等因素，往往导致 CAE 分析所需的数据精度不足，从而影响了分析结果的准确性和可靠性。此外，计算效率也是一个亟待解决的问题。复杂的工程问题往往需要进行大规模的计算和模拟，这对计算机的性能和算法的效率提出了更高的要求。

除了技术和计算方面的挑战外，CAE 技术还面临着应用领域的挑战。不同的工程领域具有其独特的特点和需求，如何使 CAE 技术更好地适应和满足这些需求，是摆在研究者面前的一大难题。此外，随着新材料、新工艺的不断涌现，CAE 技术也需要不断更新和完善，以适应这些新的变化和需求。

在未来，随着工程设计和制造业的不断发展，CAE 技术的重要性将更加凸显。随着计算能力的不断提升和算法的不断优化，CAE 技术将能够更准确地模拟和预测产品的性能，为工程师提供更加可靠的数据支持。同时，随着人工智能、大数据等技术的不断发展，CAE 技术还将与这些先进技术相结合，为工程设计和制造业带来更加智能、高效的解决方案。

8.1.7　CAE在机械设计中的应用案例

随着 CAE 技术的快速发展，其在产品设计、性能分析和优化中的应用也越来越广泛。CAE 技术能够模拟产品在现实环境中的行为，帮助工程师在设计阶段预测潜在的问题并进行优化。

以智能手机外壳为例。CAE 技术在跌落分析中的应用，可以弥补传统跌落测试的不足，提高分析效率和准确性。通过建立手机外壳的仿真模型，可以模拟不同条件下的跌落过程，获取详细的受力、变形和能量吸收数据。这些数据不仅可以帮助工程师深入理解手机外壳在跌落过程中的行为机制，还可以为优化设计方案提供有力支持。

此外，随着 CAE 技术的不断发展和完善，其在跌落分析中的应用将更加广泛和深入。例如，通过引入更先进的材料模型、接触算法和求解策略，可以进一步提高跌落仿真的精度和效率。同时，随着大数据和人工智能技术的应用，还可以实现基于仿真数据的手机外壳性能预测和优化设计自动化，为手机外壳的研发和生产提供更加智能和高效的解决方案。

以对手机外壳进行跌落测试模拟为例，模拟过程包含以下步骤：

1）几何建模处理。考虑到手机外壳的复杂性，首先从 CAD 软件中导入外壳的设计数据，确保模型与实物的高度一致性。在建模过程中要特别关注外壳的细节部分，如边角、接口和孔洞等，确保这些关键部位在仿真中能够得到准确的模拟。

2）材料属性定义。在定义手机外壳的材料属性时，需要参考制造商提供的技术规格和实验数据。外壳主要采用轻质合金或塑料材料，这些材料在冲击和碰撞中表现出良好的能量吸收能力。根据材料的弹性模量、泊松比、密度和屈服强度等参数，在 CAE 软件中设置相应的材料属性。此外，还需要考虑材料的非线性特性，如弹塑性变形和损伤演化等，以确保仿真结果的准确性。

3）边界条件与加载条件设置。在仿真模型中，边界条件和加载条件的设置对于模拟结果的准确性至关重要，需要根据手机外壳在实际使用中的约束情况，设置合理的边界条件。例如，在模拟手机自由跌落时，将外壳的底部设置为固定约束，以模拟地面对手机的支撑作用。同时，根据跌落试验的要求，设置适当的加载条件。这些加载条件包括重力加速度、跌落高度和跌落角度等，以模拟手机在不同跌落条件下的受力情况。

4）网格划分。网格划分是仿真模型建立过程中的关键步骤之一。采用高质量的四面体网格对手机外壳进行划分，以确保仿真结果的精确性和稳定性，某智能手机外壳网格划分的正面和背面如图 8-3 所示。在网格划分过程中，需要特别关注外壳的细节部分和应力集中区域，对这些区域进行网格加密处理。此外，还需要进行网格无关性验证，以确保网格大小对仿真结果的影响在可接受范围内。最终得到的网格模型既能保证计算精度，又能提高仿真效率。

a) 正面　　　　　　　　　　b) 背面

图 8-3　某智能手机外壳网格划分的正面和背面

5）求解器设置与模拟运行。在仿真过程中，求解器的设置直接关系到模拟结果的准确性和效率。在本案例中，选用成熟的 LS-DYNA 商业有限元分析软件，其内置的求解器具备高效的计算能力和稳定的收敛性。为了确保仿真模拟的准确性和可靠性，需要对求解器进行细致的参数设置。

首先，根据手机外壳的材料属性和跌落测试的实际情况，设定合适的时间步长和载荷步数。时间步长的选择需要平衡计算精度和计算效率，而载荷步数则决定了模拟过程中外力施加的方式和速度。

其次，为了更真实地模拟跌落过程中手机外壳的动态响应，采用显式动力学求解算法。这种算法特别适合用于处理涉及大变形、高速度、非线性的复杂动态问题。在显式动力学分析中，每一步的计算都基于上一步的结果进行更新，从而能够更准确地捕捉跌落过程中的动态效应。

在模拟运行阶段，根据设定的参数和条件，对手机外壳模型进行跌落模拟。通过设定合适的边界条件和加载条件，模拟手机外壳在实际跌落过程中受到的冲击力和碰撞效应。模拟运行的结果将以位移、速度、加速度等参数的形式输出，供后续的数据提取和分析使用。

6）结果数据后处理。在完成模拟运行后，从仿真软件中导出相关的结果数据。这些数据包括手机外壳各部分的位移、速度、加速度以及应力应变分布等关键参数。为了方便后续分析，可以将这些数据整理成图表的形式，以便更直观地展示仿真结果。图 8-4 所示为某智能手机外壳对心碰撞瞬间的应力云图。可见碰撞位置的应力最高，若该应力超过材料强度极限，则该位置的材料将发生失效。

图 8-4   某智能手机外壳对心碰撞
瞬间的应力云图

在数据提取过程中，需要特别关注手机外壳在跌落过程中的最大位移、最大速度和最大加速度等关键指标。这些指标能够直接反映手机外壳在跌落过程中的动态响应和冲击效果。此外，还可以对手机外壳的应力应变分布进行详细的分析，以评估其结构强度和抗冲击性能。

7）结果合理性验证。仿真结果的合理性需要通过实测数据进行验证。首先，将仿真结果与实际的跌落测试结果进行对比。通过对比实验数据和仿真数据，判断两者在位移、速度和加速度等关键指标上是否具有较好的一致性。若一致性明显，则说明仿真模型能够较准确地模拟手机外壳在跌落过程中的动态响应。其次，对仿真结果的合理性进行进一步的分析验证。例如，手机外壳在跌落过程中的应力应变分布，判断其分布规律是否与实际情况相符。此外，还可以对仿真过程中可能出现的误差来源进行分析，包括模型简化、材料属性设定、边界条件设置等因素。通过对误差来源进行分析，可以对仿真结果进行必要的修正和调整，以确保其合理性和可靠性。

8）结构优化。在获取手机外壳在跌落冲击下的详细响应数据的基础上，可以对手机外壳的结构弱点进行深入分析。首先，在跌落冲击过程中，手机外壳的某些部位可能出现过度的应力集中，这些部位往往是结构设计的薄弱环节。通过对比不同跌落方向和角度的模拟结果，发现手机外壳的边角和连接处是应力集中最为严重的区域。这些区域由于几何形状突变或材料连接不连续，导致在冲击过程中无法有效分散应力，从而引发结构破坏。

此外，外壳的材料属性对结构的抗跌性能也有着重要影响。一些部位由于使用了较薄的材料或材料性能不佳，导致在冲击过程中容易发生变形或破损。这些问题都严重影响了手机外壳的抗跌性能，需要采取针对性的改进措施。具体的改进措施有：首先，针对应力集中严重的边角和连接处，考虑对其进行结构优化设计，如增加圆角过渡、优化连接结构等，以减少应力集中现象，同时，还可以考虑使用更高性能的材料来替代原有材料，以提高这些区域的抗冲击能力；其次，对于材料属性较差的区域，可以通过增加材料厚度、使用更高强度的材料或引入加强筋等结构来增加其结构强度。

在提出改进措施后，需要进行多次的设计迭代优化。需要基于CAE仿真结果对改进措施的有效性进行评估，并根据评估结果对设计方案进行不断调整和优化。在每次迭代过程中，都要重新建立仿真模型、进行模拟分析，并对比前后两次模拟结果的差异。通过对比，可以直观地观察到改进措施对手机外壳抗跌性能的提升效果，并据此对设计方案进行进一步优化。经过多轮迭代优化后，最终得到一个具有较高抗跌性能的手机外壳设计方案。这个方案在保持原有手机外壳功能和外观的基础上，通过结构优化设计和材料性能提升等措施，显著提高了其抗冲击能力和结构稳定性。

综上所述，与传统的试验测试相比，CAE技术具有成本低、周期短、可重复性强等优点。同时，通过参数化设计和优化算法的结合，可以实现手机外壳的快速迭代和优化，从而进一步提高产品的抗跌性能和市场竞争力。然而，需要注意的是，虽然CAE技术在手机外壳抗跌性能分析中表现出色，但仍需与试验测试相结合，以确保结果的准确性和可靠性。此外，随着手机技术的不断发展和新材料的不断涌现，还需要不断更新和完善CAE技术和方法，以适应不断变化的市场需求和技术挑战。

8.2 Delta并联机器人的分拣策略优化

随着智能制造理念的深入人心，人们对生产流程的智能化、速度和效率要求日益增高。流水线分拣环节，作为生产过程中的关键部分，正成为提升效率和实现智能化的关键研究领域。得益于其快速响应和轻量化设计，Delta并联机器人在机器人技术中表现突出，它在需要重复劳动的分拣任务中得到了广泛应用。得益于机器视觉技术的辅助，Delta并联机器人能够更加智能地处理传送带上杂乱无序的物品分布。

在分拣任务的研究中，轨迹规划、视觉控制和动态抓取算法等关键技术已经吸引了众多学者的关注和深入研究。这些研究主要集中在优化机器人的单次抓取动作上。然而，在实际的连续作业环境中，面对多个目标的抓取顺序通常按照优先处理传送带远端物品或采用随机抓取的策略。这种简单的顺序策略在面对复杂多变的分拣环境时显得力不从心，因此，为了适应Delta并联机器人的高速抓取需求，研究必须转向以最短运动路径为目标的最优路径规划。

8.2.1 传送带流水线分拣系统

图 8-5 所示为 Delta 并联机器人分拣系统布局，其由四个主要模块构成：工业相机视觉控制模块、机器人本体模块、运动控制模块以及传送带模块。这一系统的工作原理是，工业相机捕获传送带上物品的图像信息，然后通过计算机进行图像处理，从而精确地提取出物品的空间位置数据。这些数据作为物品的拾取坐标，被传输至控制系统。控制系统根据这些坐标以及预设的放置点信息，指导机器人执行精确的分拣任务。

流水线分拣系统的工作流程如图 8-6 所示。在系统启动并进入工作状态时，从上游传送带传来的工件会无序地散布在传送带上。位于传送带上游正上方的工业相机会按照设定的频率对这些工件进行图像采样，并将采集到的数据发送至计算机。计算机利用图像处理算法从采样信息中提取出工件的空间坐标，消除相邻采样间重复的工件坐标信息。

随后，系统对识别出的待分拣工件进行排序，根据它们在传送带上的具体位置，形成一个先进先出（FIFO）的抓取顺序缓冲队列。这个队列为机器人的运动控制系统提供了一个清晰的抓取作业指导。

当机器人的运动控制系统检测到缓冲队列中有待处理的工件时，它会读取队列前端的工件信息，并运用运动学算法计算出机器人各关节所需的运动量。接着，系统指导 Delta 并联机器人根据这些计算结果执行精确的分拣动作。完成分拣后，系统将重新开始上述流程，持续高效地进行分拣作业。

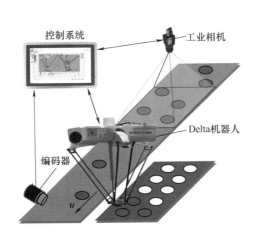

图 8-5　Delta 并联机器人分拣系统布局

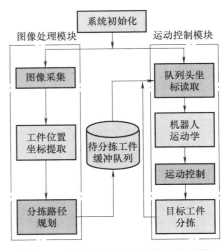

图 8-6　流水线分拣系统的工作流程

图 8-7 所示为机器人分拣作业区域的俯视平面图，该区域位于机器人的工作空间内，展示了机器人在传送带平面上能够到达的运动范围。在这个工作空间中，传送带穿过区域的上半部，而下半部则是用于放置工件的区域，称为放置区。工业相机负责在视觉识别区内对传送带上的工件进行采样，传送带以一定的速度向左方传送工件。

在图 8-7 中，放置区设计有 10 个放置点，用于展示分拣过程。这些放置点可能用于放置用于收纳工件的容器，如包装盒等。通过这种方式，机器人可以高效地将工件从传送带上分拣到指定的放置点，从而实现有序的物料管理和分拣作业。

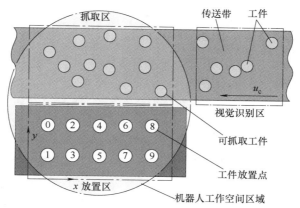

图 8-7　机器人分拣作业区域的俯视平面图

8.2.2　Delta并联机器人的抓放过程

（1）单次静态抓放过程　Delta并联机器人的一个工作周期由单一的静态抓取和放置动作组成，在这个过程中，机器人对不同位置的工件执行相同的抓取动作并进行分拣。抓取和放置动作的路径通常遵循一个门字形的曲线，这个曲线包含两段，主要沿竖直方向的运动和一段沿水平方向的运动。图8-8所示为Delta并联机器人的门形抓取轨迹规划，机器人从 A_1 点开始，经过 A_3 点和 A_6 点，最终到达 A_8 点，完成一次完整的抓取到放置的循环。

在Delta并联机器人进行高速作业时，其运动轨迹在竖直与水平部分的连接点（如 A_3 和 A_6 点）存在尖锐的转角，这会导致在这些转角处的速度和加速度发生剧烈变化，进而引起机构的振动和电动机额外损耗。为了缓解这一问题，可以通过采用圆弧曲线、Lamé曲线或PH曲线等几何形状来替代原有的直角，优化运动轨迹，提高运动的平滑性。如图8-8所示，经过这样的优化，机器人从抓取到放置的路径将经过 A_1、A_2、A_4、A_5、A_7 和 A_8 点，形成一个更加平滑的轨迹。

在高速分拣任务中，机器人需要不断地沿着门形轨迹进行重复作业，这期间涉及多次的启动、停止和速度变化。为了保证机器人在运动过程中的位移、速度和加速度平稳过渡，避免突变，通常会采用多项式、摆线和修正梯形等运动规律对机器人的运动特性进行调整和优化。

通过对门形轨迹的各段采用上述运动规律进行插补，可以计算出机器人主动臂在每一段运动中的运动参数。接着，通过除以减速比，可以得到对应每个插值点的电动机驱动参数。这样，机器人的末端执行器就能够按照优化后的设定轨迹准确、平稳地完成分拣任务。

（2）动态分拣抓放过程　Delta并联机器人在执行从传送带到放置区的工件分拣任务时，是一个动态的操作过程。图8-9所示为Delta并联机器人的动态分拣抓放过程，P_1 和 P_2 分别表示工件 G_1 和 G_2 的预定放置位置。在机器人完成对 G_1 的抓取并移动至 P_1 进行放置的过程中，G_2 会随着传送带的运行从其原始位置移动到新的位置 G_2'。因此，当机器人返回抓取 G_2 时，实际上它需要在 G_2' 的新位置进行抓取。这个动态的分拣过程在传送带流水线上不断重复，形成了连续的作业流程。本案例的重点即在于优化这一动态分拣流程中工件的抓取顺序，以提高整体作业的效率和性能。

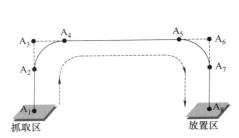

图 8-8　Delta 并联机器人的门形抓取轨迹规划

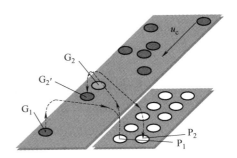

图 8-9　Delta 并联机器人的动态分拣抓放过程

8.2.3　针对流水线分拣作业的蚁群优化算法

代码

蚁群优化（Ant Colony Optimization，ACO）算法是一种基于生物启发的优化算法，它模拟了蚂蚁在寻找食物路径过程中的行为。蚁群优化算法利用蚂蚁在寻找食物时释放信息素的机制，通过信息素的正反馈机制，最终找到从蚂蚁巢到食物源的最优路径。

蚁群优化算法的基本思想为一群模拟蚂蚁在图或网络上随机行走，并在行走过程中动态地修改每条边的信息素浓度，最终将收敛到最优解或接近最优解。

采用蚁群优化算法求解上述带约束条件的最短路径问题。将图 8-7 中抓取区内的 n 个工件和放置区的 n 个放置点分别抽象为 TSP 中的两个城市集合 $G=（G_1，G_2，\cdots，G_n）$ 和 $P=（P_{n+1}，P_{n+2}，\cdots，P_{2n}）$，即两个"国家"。用禁忌表 $\text{Tabu}_k(k=1, 2, \cdots, 2n)$ 来记录蚂蚁 k（$k=1, 2, \cdots, m$）已经遍历过的城市。$p_{ij}^k(t)$ 和 $p_{ji}^k(t)$ 分别表示在时刻 t 蚂蚁 k 在抓取区工件点 G_i 时选择其放置点 P_j 和在放置点 P_j 时选择其下一个抓取工件的工件点 G_i 的状态转移概率，有

$$p_{ij}^k(t) = \begin{cases} \dfrac{[\tau_{ij}(t)]^\alpha [\eta_{ij}(t)]^\beta}{\sum_{s \in \text{Pallow}_k} [\tau_{is}(t)]^\alpha [\eta_{is}(t)]^\beta} & ,j \in \text{Pallow}_k \\ 0 & ,\text{其他} \end{cases} \tag{8-1}$$

$$p_{ji}^k(t) = \begin{cases} \dfrac{[\tau_{ji}(t)]^\alpha [\eta_{ji}(t)]^\beta}{\sum_{s \in \text{Gallow}_k} [\tau_{js}(t)]^\alpha [\eta_{js}(t)]^\beta} & , i \in \text{Gallow}_k \\ 0 & ,\text{其他} \end{cases} \tag{8-2}$$

式（8-1）中，$\text{Pallow}_k = \{(\lnot \text{Tabu}_k) \cap P)\}$，表示在点 G_i 的蚂蚁 k 下一步允许到达的放置点的集合；同理，式（8-2）中，$\text{Gallow}_k = \{(\lnot \text{Tabu}_k) \cap G\}$，表示在点 P_j 的蚂蚁 k 下一步允许到达的抓取区工件点的集合。

蚂蚁 k 在 G_i 和 P_j 之间交替运动时，根据各路径方向的信息素浓度 τ 和启发函数 η 来

确定其转移方向。α 为信息素启发因子，表示信息素强度的相对重要性；β 为期望启发因子，表示能见度的相对重要性。$\eta_{ij}(t)$ 和 $\eta_{ji}(t)$ 分别为 G_i 到 P_j 和 P_j 到 G_i 转移的启发函数，一般取作 G_i 和 P_j 之间的距离 d_{ij} 的倒数，即

$$\eta_{ij}(t) = \eta_{ji}(t) = \frac{1}{d_{ij}} \tag{8-3}$$

为了避免信息素过多而淹没启发信息，在每只蚂蚁完成对所有 P 和 G 集合中元素的遍历后，要对残留信息素进行更新。分别用 $\tau_{ij}(t)$ 和 $\tau_{ji}(t)$ 来模拟在 t 时刻 G_i 和 P_j 之间或 P_j 和 G_i 之间实际 m 只蚂蚁分泌信息素的浓度总量，有

$$\tau_{ij}(t) = \tau_{ji}(t) \tag{8-4}$$

$$\tau_{ij}(t+1) = (1-\rho)\tau_{ij}(t) + \rho \Delta \tau_{ij}(t) \tag{8-5}$$

$$\Delta \tau_{ij} = \Delta \tau_{ji} = \sum_{k=1}^{m} \Delta \tau_{ij}^{k}(t) \tag{8-6}$$

式中，ρ 是信息的挥发系数，表示信息消逝程度，随时间推移，以前留下的信息将逐渐消失，通常设置系数 $\rho \in [0, 1)$ 来避免路径上信息素的无限累加。$\Delta \tau_{ij}^{k}(t)$ 和 $\Delta \tau_{ji}^{k}(t)$ 分别表示蚂蚁 k 从抓取区工件点 G_i 走到下一个放置点 P_j 和从放置点 P_j 走到下一个抓取工件的工件点 G_i 这一段路径上留下的信息素量，其计算方法即为信息素更新策略，常用的算法为蚁环算法，有

$$\Delta \tau_{ij}^{k}(t) = \Delta \tau_{ji}^{k}(t) = \begin{cases} \dfrac{Q}{L_k}, & \text{第 } k \text{ 只蚂蚁遍历} \\ & \text{经过 } G_iP_j \text{ 或 } P_jG_i \\ 0, & \text{其他} \end{cases} \tag{8-7}$$

式中，L_k 是第 k 只蚂蚁遍历集合 G 和 P 所有点的总路程长度；Q 是常数，表示信息素强度。

以上所述参数 α、β、ρ、Q 可根据实际试验得到其适当的值，可以用固定进化代数作为停止条件或者当进化趋势不明显时便停止计算。

8.2.4　仿真试验与结果分析

在本案例中，利用工业相机对传送带上的物料进行了随机采样，共收集了 10 组数据，这些数据将作为机器人抓取作业的位置点。抓取位置点见表 8-2。而对于物料的放置位置点，根据分拣作业的效率和均衡性原则，进行了均匀的间隔设置，以确保分拣过程中的效率最大化。放置位置点见表 8-3。通过这样的设置，可以更好地评估和优化 Delta 并联机器人在实际分拣作业中的性能。

表 8-2　抓取位置点

序号	横坐标 /mm	纵坐标 /mm
1	150	563
2	181	723
3	230	450
4	270	490

（续）

序号	横坐标 /mm	纵坐标 /mm
5	290	550
6	330	600
7	345	459
8	390	560
9	430	655
10	457	550

表 8-3   放置位置点

序号	横坐标 /mm	纵坐标 /mm
1	100	130
2	100	260
3	200	130
4	200	260
5	300	130
6	300	260
7	400	130
8	400	260
9	500	130
10	500	260

为了评估蚁群优化算法的优化效果，先进行基准仿真试验，该试验按照从传送带下游到上游的顺序进行抓取。具体来说，抓取位置点按照其横坐标从小到大的顺序进行抓取，同时，放置点也依照相同的顺序，基于横坐标从小到大的顺序进行排列。通过这种顺序抓取的方式，得到了一次完整的分拣过程，并记录了总的抓取路径长度。仿真结果显示，顺序分拣的总路程为 7164.86mm，顺序分拣路径如图 8-10 所示。这一结果将作为蚁群优化算法优化后路径的对比基准。

在蚁群优化算法优化路径求解中，设置相关参数为 $\alpha=2$、$\beta=5$、$\rho=0.1$、$Q=100$。经过仿真，其最优总路程为 6883.06mm，蚁群优化算法最优分拣路径如图 8-11 所示。

图 8-12 所示为适应度进化曲线，在本试验中，蚁群优化算法经 43 次迭代后收敛。最后经过对比，可得出经蚁群优化算法优化后分拣总路程减少了 281.8mm。

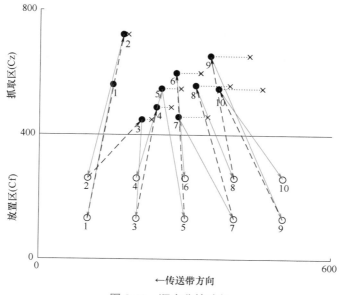

图 8-10　顺序分拣路径

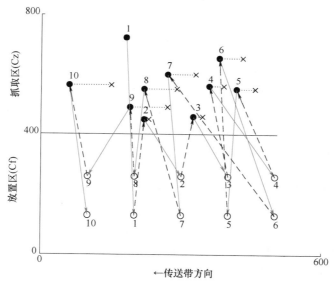

图 8-11　蚁群优化算法最优分拣路径

在本案例中，将蚁群优化算法应用于优化 Delta 并联机器人在流水线分拣任务中的表现。为了适应流水线作业的具体需求，对蚁群优化算法进行了特定的改进，将抓取区和放置区分别视为两个不同的城市集合。这种改进有效应对了分拣作业中抓取和放置动作在两个区域之间交替进行的情况。

蚁群优化算法的应用成功地优化了分拣路径，使得机器人在执行分拣任务时的总移动距离得到了显著缩短。具体而言，与传统的顺序分拣方法相比，经过优化的分拣路径总长度减少了 281.8mm。这一改进显著提高了分拣作业的效率，证明了蚁群优化算法在解决此类优化问题上的有效性和实用性。

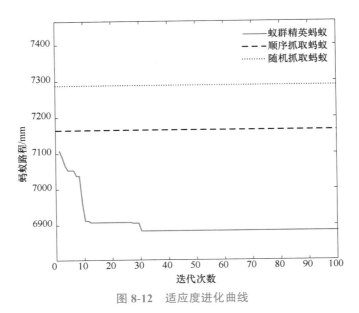

图 8-12　适应度进化曲线

资料

8.3　新型开合屋盖的设计与优化

　　随着航空航天技术的飞速进步，面对空间大型多功能航天设备的需求与有限的运载空间之间的挑战，具备展开和闭合功能的可展结构逐渐成为全球研究的焦点。国际上的主要航天机构和商业企业在这一领域投入了大量研究，推动了空间大型可展结构设计和应用的显著进展。近年来，这类可展结构技术也开始在民用建筑和相关设施中得到广泛应用。

　　自 20 世纪 80 年代末以来，开合屋盖技术在发达国家迅速兴起。例如，加拿大多伦多的天空穿顶、美国菲尼克斯的棒球场、荷兰阿姆斯特丹的体育场以及英国的温布利足球场等，都是采用开合屋盖结构的著名建筑。这种开合屋盖技术的发展与体育事业的蓬勃兴起紧密相连，最初的应用主要集中在游泳馆、网球馆等体育设施上。随着技术的发展，开合屋盖的规模从小型体育建筑扩展到了大型体育场馆，并且其应用范围也逐渐覆盖到楼宇、宾馆、私人庭院、商业广场中庭、飞机库、工厂车间等多种场合，成为一种适用于各种需要开放空间功能的理想的屋盖系统。

　　在本案例中，采用遗传算法来优化一种新型开合屋盖的设计。目标是通过这种先进的优化技术，实现屋盖系统在开合性能和经济效益方面的显著提升。

8.3.1　可展结构的设计与分析

　　开合屋盖结构需要快速完成开合动作，这就要求其构件不仅要运动迅速，还要承受较大的力。为了确保在收缩和展开状态下屋盖的力学性能最优，设计时采用圆形结构，因为它在支撑件和覆盖分布均匀对称时，力学性能最佳。该屋盖由一系列单元组成，这些单元通过圆形排列形成整个圆形结构，且在展开与折叠过程中保持对应的圆心角不变。两个角度杆组成的剪式铰结构如图 8-13a 所示，为了实现构件 AEC 和构件 BED 相互旋转不会改变由 A、B、C、D 支撑的圆心角 α，需要满足下列关系：

$$\alpha=2\arctan\frac{EF}{AF} \tag{8-8}$$

在设计中，采用了对称布置的方法，创建了一个包含平行四边形的广义角度元素，如图 8-13b 所示。当这个圆心角能够被 360° 整除时，就可以构成一个完整的二段式角度杆布置，如图 8-13c 所示。同样的方法也适用于设计三段式角度杆的布置，如图 8-13d 所示。

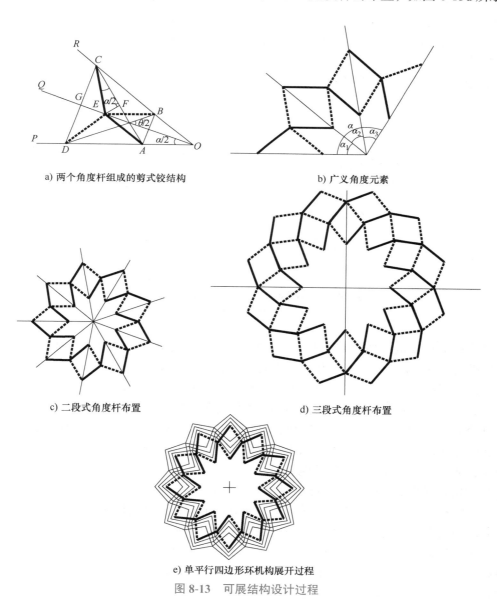

a) 两个角度杆组成的剪式铰结构　　　　　　　b) 广义角度元素

c) 二段式角度杆布置　　　　　　　d) 三段式角度杆布置

e) 单平行四边形环机构展开过程

图 8-13　可展结构设计过程

图 8-13e 所示为单平行四边形环机构展开过程。在这一过程中，可以观察到，尽管结构在展开，但构成角度元素的端点与结构的形心之间的连线并不围绕形心旋转，而是保持固定。这意味着整个结构的节点仅在其与形心的连线上进行移动。通过深入分析，可以得出结论，该机构本质上是一个单自由度系统，这使得控制和操作更加简单高效。

8.3.2 支撑方案与覆盖元素的设计

（1）支撑方案的设计　为了便于可展结构的支撑与驱动，需要在机构运动过程中确定构件上的不动点，即构件绕着某个或某几个运动瞬心转动。

研究发现，在该机构中，每个顺时针元件上的扭结节点位于同一圆上，在展开和收缩过程中，它们绕着该圆的中心旋转，如图 8-14a 所示。而每个逆时针元件对应的运动均为纯平移，如图 8-14b 所示。由此可确定顺时针角度杆运动瞬心的位置。将顺时针角度杆连接到该瞬心位置，使其围绕瞬心进行一定程度的转动，即可实现整个机构的开合运动，瞬心式方案机构展开图如图 8-15 所示。

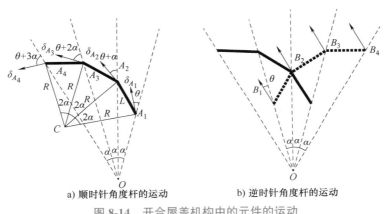

a) 顺时针角度杆的运动　　　　b) 逆时针角度杆的运动

图 8-14　开合屋盖机构中的元件的运动

开合屋盖传动机构如图 8-16 所示，该机构实现了对称驱动可展开合结构。该机构由一个电动机驱动太阳轮，太阳轮带动三个行星齿轮。行星齿轮与瞬心杆锁合，围绕支撑点旋转，从而驱动整个结构开合。所有啮合齿轮大小相同，两两啮合的齿轮转速相同但方向相反。为简化运动分析，以瞬心杆的转动角度作为驱动角度。

开合屋盖机构的完全展开和完全收缩状态如图 8-17 所示。展开时外围节点构成正多边形；收缩时外围节点位于一个小圆上。这意味着展开时打开的空间略大于收缩时所覆盖的空间，从而满足了开合屋盖的功能需求。

（2）覆盖元素的设计　实际屋盖结构除了由多角度构件形成的可开合杆状结构外，还需要覆盖结构。一种解决方案是将覆盖分成单独的面板，每个面板固定在一个多角度元件上。要求面板在结构完全闭合时不留下间隙，在结构收缩时不干扰其他构件。

一个简单方法是要求面板的平面投影之间不存在干扰。例如，可将覆盖元素设计成与角度杆相似的形状，每个元素连接一个顺时针杆和一个逆时针杆的端点。但这种设计无法完全覆盖空间，存在缺口和重叠区域。

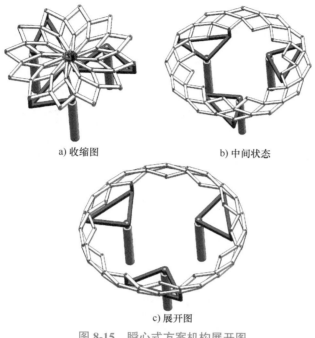

a) 收缩图　　　　　　　　　　b) 中间状态

c) 展开图

图 8-15　瞬心式方案机构展开图

图 8-16　开合屋盖传动机构

　　通过几何推导，在极限收缩位置处，一根杆靠近中心的边与相邻杆首尾连线相切。因此，可将短边延长至与长边等长，形成等腰三角形。这种设计可完全覆盖空间，且过程中不会产生干扰，杆式覆盖装配效果如图 8-18 所示。

a) 完全展开状态   b) 完全收缩状态

图 8-17 开合屋盖机构的完全展开状态和完全收缩状态

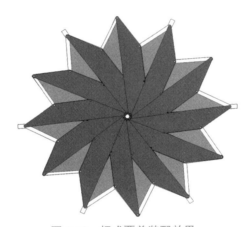

图 8-18 杆式覆盖装配效果

8.3.3 原理样机研制

原理样机模型尺寸初定为 300mm × 300mm × 200mm。采用三段式角度杆，角度为 150°，共 24 个构件。每段杆长 50mm，宽 8mm，厚 5mm，材质为亚克力。杆件通过 3D 打印的销轴连接。覆盖元素采用硬纸裁剪而成，装配在角度杆上方。支撑方案采用 3 个直径 20mm 的 3D 打印圆柱竖直连接屋盖与地面，位于瞬心处。

驱动方案为 3 个角度杆通过瞬心杆连接到瞬心，瞬心杆与齿轮锁定。太阳轮（模数为 2mm，齿数为 48，宽为 10mm）与 3 个行星齿轮啮合，由 JGB37-3535 直流减速电动机驱动太阳轮，控制展开收缩。配合电动机调速器可实现电动机正反转及转速调节，从而控制屋盖展开、收缩过程及速度，开合屋盖模型如图 8-19 所示。

a) 收缩状态　　　　　　　　　　　　　　b) 展开中间过程

c) 展开状态

图 8-19　开合屋盖模型

8.3.4　开合屋盖的盖板碰撞分析

开合屋盖在打开和关闭时，往往会出现屋盖单元的碰撞和屋盖单元与固定物的碰撞。为了避免因碰撞造成的建筑物损伤，在 SOLIDWORKS 碰撞仿真中引入遗传算法，寻找阻尼器位置和个数的优化，开合屋盖 SOLIDWORKS 仿真模型如图 8-20 所示。在 SOLIDWORKS 的 motion 模块中，设置所有盖板的材料为 1023 碳钢板，质量密度为 7858kg/m³，总质量为 3.062kg。

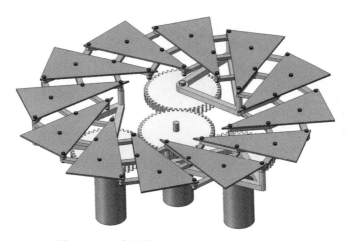

图 8-20　开合屋盖 SOLIDWORKS 仿真模型

考虑到开合屋盖在开启过程中，可能会出现制动失灵等一系列状况，导致屋盖之间产生碰撞。阻尼器的位置和数量由遗传算法决定，采用和连接副杆件并联的方式接入结构中。将底部支架固定，盖板之间以及齿轮之间设置实体接触。给中间齿轮施加方向为顺时针、大小为 200r/min 的初始速度。将安装阻尼器的 7 组位置编号为 1~7，不同位置设置不同的阻尼系数。

在不安装阻尼器的情况下，盖板临近碰撞时的末速度为 174.64mm/s，不安装阻尼器盖板从运动到碰撞后的速度 - 时间曲线如图 8-21 所示。

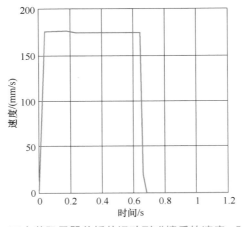

图 8-21   不安装阻尼器盖板从运动到碰撞后的速度 - 时间曲线

第 1 组阻尼器安装位置如图 8-22a 所示。设置阻尼系数为 0.01N/（mm · s^{-1}），盖板临近碰撞时的末速度为 137.40mm/s，盖板从运动到碰撞后的速度 - 时间曲线如图 8-22b 所示。

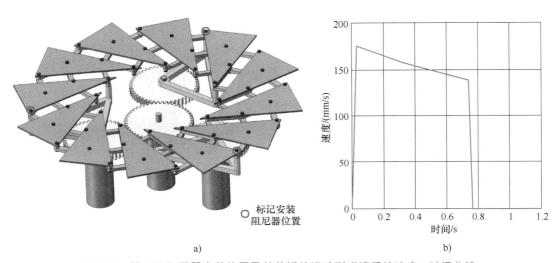

a)   b)

图 8-22   第 1 组阻尼器安装位置及其盖板从运动到碰撞后的速度 - 时间曲线

第 2 组阻尼器安装位置如图 8-23a 所示。设置阻尼系数为 0.009N/（mm · s^{-1}），盖板临近碰撞时的末速度为 73.05mm/s，盖板从运动到碰撞后的速度 - 时间曲线如图 8-23b 所示。

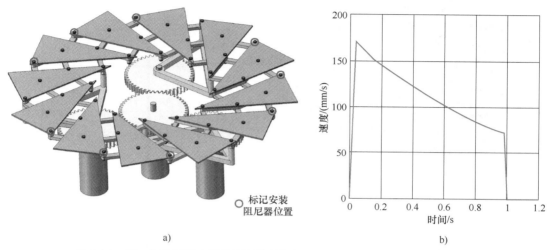

图 8-23　第 2 组阻尼器安装位置及其盖板从运动到碰撞后的速度 - 时间曲线

第 3 组阻尼器安装位置如图 8-24a 所示。设置阻尼系数为 0.008N/（mm·s⁻¹），盖板临近碰撞时的末速度为 54.38mm/s，盖板从运动到碰撞后的速度 - 时间曲线如图 8-24b 所示。

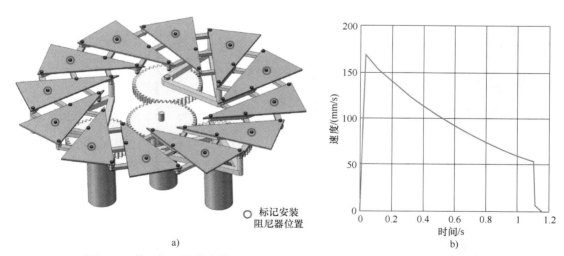

图 8-24　第 3 组阻尼器安装位置及其盖板从运动到碰撞后的速度 - 时间曲线

第 4 组阻尼器安装位置如图 8-25a 所示。设置阻尼系数为 0.007N/（mm·s⁻¹），盖板临近碰撞时的末速度为 69.68mm/s，盖板从运动到碰撞后的速度 - 时间曲线如图 8-25b 所示。

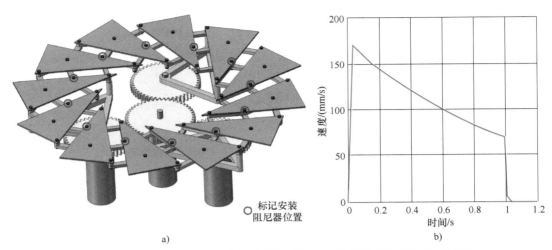

图 8-25 第 4 组阻尼器安装位置及其盖板从运动到碰撞后的速度 - 时间曲线

第 5 组阻尼器安装位置如图 8-26a 所示。设置阻尼系数为 0.006N/（mm·s⁻¹），盖板临近碰撞时的末速度为 147.90mm/s，盖板从运动到碰撞后的速度 - 时间曲线如图 8-26b 所示。

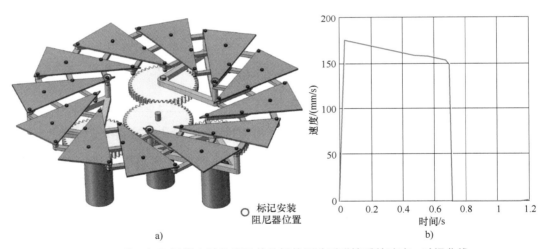

图 8-26 第 5 组阻尼器安装位置及其盖板从运动到碰撞后的速度 - 时间曲线

第 6 组阻尼器安装位置如图 8-27a 所示。设置阻尼系数为 0.005N/（mm·s⁻¹），盖板临近碰撞时的末速度为 118.55mm/s，盖板从运动到碰撞后的速度 - 时间曲线如图 8-27b 所示。

第 7 组阻尼器安装位置如图 8-28a 所示。设置阻尼系数为 0.012N/（mm·s⁻¹），盖板临近碰撞时的末速度为 127.56mm/s，盖板从运动到碰撞后的速度 - 时间曲线如图 8-28b 所示。

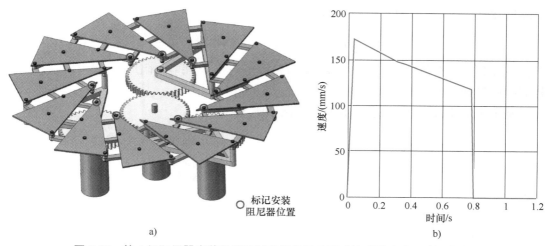

图 8-27 第 6 组阻尼器安装位置及其盖板从运动到碰撞后的速度 - 时间曲线

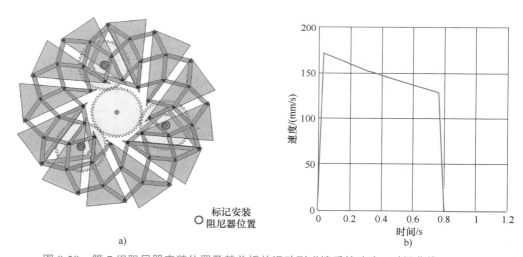

图 8-28 第 7 组阻尼器安装位置及其盖板从运动到碰撞后的速度 - 时间曲线

8.3.5 基于遗传算法的阻尼器优化

使用遗传算法对机构的阻尼器数量以及布置位置进行优化，将上述 7 组阻尼器，与 7 位遗传编码对应。每位编码代表杆件上是否有阻尼器，0 表示对应编码的这组杆件都是普通杆件，1 表示这组杆件位置上都有阻尼器。

采用的个体适应度函数为

$$J_i(p_i, q_i) = p_i(x, y) + \alpha q_i(x, y) \tag{8-9}$$

式中，$p_i(x, y)$ 是个体剩余能量占无阻尼器时结构剩余能量百分比，即

$$p_i(x, y) = \frac{E_i(x, y)}{E_0} \times 100\% \tag{8-10}$$

其值越高耗能效率越低，反之耗能效率越高；$q_i(x, y)$ 是个体所布置的阻尼器个数占可布

置阻尼器总位置数的百分比,即

$$q_i(x,y) = \frac{N_i(x,y)}{N_{\text{total}}} \times 100\% \tag{8-11}$$

其值越高阻尼器个数越多,花费越高,经济性越差;α 是耗能与阻尼器数量权系数,可以控制结构阻尼最优布置的阻尼器数量。

基于遗传算法的阻尼器优化布置流程图如图 8-29 所示。

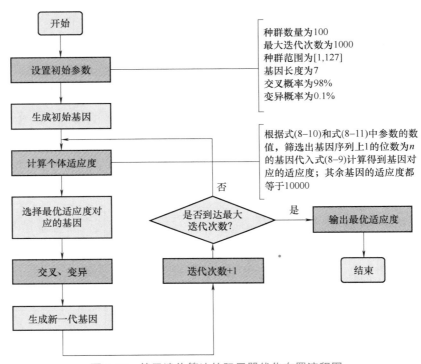

图 8-29   基于遗传算法的阻尼器优化布置流程图

盖板碰撞后的寻优结果如下:

1)基因座是 1 的位数为 2 时的最优解:α=150,交叉率为 98%,变异率为 0.1%,基因座是 1 的位数为 2 时,寻优得到 6 根阻尼器为最优布置,最优解为 1000001,即在第 1、7 组杆件的位置布置阻尼器为最优解,适应度函数 J=17.7775,如图 8-30a 所示。

2)基因座是 1 的位数为 3 时的最优解:α=150,交叉率为 98%,变异率为 0.1%,基因座是 1 的位数为 3 时,寻优得到 9 根阻尼器为最优布置,最优解为 1000101,即在第 1、5、7 组杆件的位置布置阻尼器为最优解,适应度函数 J=26.3045,如图 8-30b 所示。

3)基因座是 1 的位数为 4 时的最优解:α=150,交叉率为 98%,变异率为 0.1%,基因座是 1 的位数为 4 时,寻优得到 21 根阻尼器为最优布置,最优解为 1100101,即在第 1、2、5、7 组杆件的位置布置阻尼器为最优解,适应度函数 J=51.9467,如图 8-30c 所示。

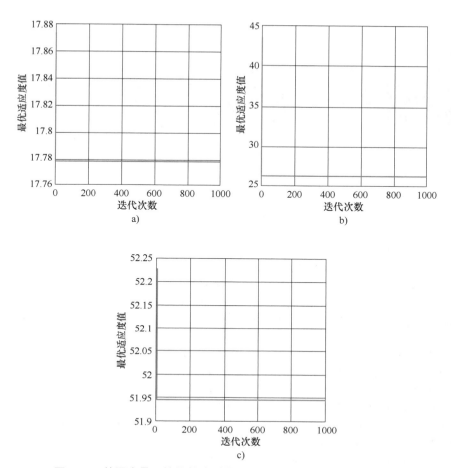

图 8-30　基因座是 1 的位数分别是 2、3 和 4 时的适应度进化曲线

科学家科学史
"两弹一星"功勋科
学家：雷震海天

参考文献

［1］ SILVER D，SCHRITTWIESER J，SIMONYAN K，et al. Mastering the game of go without human knowledge ［J］.Nature，2017，550（7676）：354-359.

［2］ MCCORDUCK P.Machines who think（2nd ed）［J］.W.h.freeman and Company，2004：55-56.

［3］ LECUN Y，BENGIO Y，HINTON G.Deep learning［J］.Nature，2015，521（7553）：436-444.

［4］ ARULKUMARAN K，DEISENROTH M P，BRUNDAGE M，et al.Deep reinforcement learning：a brief survey［J］.IEEE Signal Processing Magazine，2017，34（6）：26-38.

［5］ 马尔希，米切尔.神经网络设计与实现［M］.朱梦瑶，郭涛，赵子辉，等译.北京：机械工业出版社，2021.

［6］ 顾艳春.MATLAB R2016a 神经网络设计应用 27 例［M］.北京：电子工业出版社，2018.

［7］ 翟莹莹，左丽，张恩德.基于参数优化的 RBF 神经网络结构设计算法［J］.东北大学学报（自然科学版），2020，41（2）：176-181，187.

［8］ SMIRNOV E A，TIMOSHENKO D M，ANDRIANOV S N.Comparison of regularization methods for imagenet classification with deep convolutional neural networks［J］.AASRI Procedia，2014，6：89-94.

［9］ CHU H B，WEI J H，WANG H，et al.Runoff projection in the Tibetan Plateau using a long short-term memory network-based framework under various climate scenarios［J］.Journal of Hydrology，2024，632：130914.

［10］ HOLLAND J H.Adaptation in natural and artificial systems［M］.Ann Arbor：University of Michigan Press，1975.

［11］ DE JONG K A.An analysis of the behavior of a class of genetic adaptive systems［D］.Ann Arbor：University of Michigan，1975.

［12］ 包子阳，余继周，杨杉.智能优化算法及其 MATLAB 实例［M］.3 版.北京：电子工业出版社，2020.

［13］ GOLDBERG D E.Genetic algorithms in search，optimization，and machine learning［M］.Boston：Addison-Wesley Publishing Company，1989.

［14］ SCHRAUDOLPH N N，BELEW R K.Dynamic parameter encoding for genetic algorithms［J］.Machine Learning，1992，9（1）：9-21.

［15］ DAVIS L D.Handbook of genetic algorithm［M］.New York：Thomson Publishing Group，1991.

［16］ HOLLAND J H.Building blocks，cohort genetic algorithms，and hyperplane-defined functions［J］. Evolutionary Computation，2000，8（4）：373-391.

［17］ 梁旭，黄明，宁涛，等.现代智能优化混合算法及其应用［M］.2 版.北京：电子工业出版社，2014.

［18］ BAGLEY J D.The behavior of adaptive systems which employ genetic and correlation algorithms［D］.Ann Arbor：University of Michigan，1967.

［19］ 玄光男，程润伟.遗传算法与工程优化［M］.于歆杰，周根贵，译.北京：清华大学出版社，2004.

［20］ 李敏强，寇纪淞，林丹，等.遗传算法的基本理论与应用［M］.北京：科学出版社，2002.